◎ 灾害风[illegible]

# NATIONAL EARTHQUAKE RESILIENCE
## RESEARCH IMPLEMENTATION AND OUTREACH

# 国家地震韧弹性：
## 研究、实施与推广


美国国家科学院国家研究委员会

地震韧弹性研究、实施与推广委员会

地震与地球动力学委员会　　著

地球科学与资源理事会

地球与生命研究部

马海建　董丽娜　贾路路　王新胜　朱　林　游新兆　译



地　震　出　版　社

**图书在版编目（CIP）数据**

国家地震韧弹性：研究、实施与推广 / 美国国家科学院国家研究委员会等著；马海建等译 .— 北京：地震出版社，2018.5

书名原文：National Earthquake Resilience：Research，Implementation and Outreach

ISBN 978-7-5028-4965-8

Ⅰ.①国 … Ⅱ.①美 … ②马 … Ⅲ.①防震减灾-研究-美国 Ⅳ.① P315.94

中国版本图书馆 CIP 数据核字（2018）第 069549 号



**地震版　XM3865**

**国家地震韧弹性：研究、实施与推广**

**美国国家科学院国家研究委员会**　地震韧弹性研究、实施与推广委员会　著
地震与地球动力学委员会　地球科学与资源理事会　地球与生命研究部
马海建　董丽娜　贾路路　王新胜　朱　林　游新兆　译

责任编辑：董　青
责任校对：刘　丽

出版发行：地 震 出 版 社
北京市海淀区民族大学南路 9 号　　邮编：100081
发行部：68423031　68467993　　传真：88421706
门市部：68467991　　传真：68467991
总编室：68462709　68423029　　传真：68455221
http: //www.dzpress.com.cn

经销：全国各地新华书店
印刷：北京地大彩印有限公司

版（印）次：2018 年 5 月第一版　2018 年 5 月第一次印刷
开本：787 × 1092　1/16
字数：235 千字
印张：18.75
书号：ISBN 978-7-5028-4965-8/P（5668）
定价：88.00 元

# 译丛前言

随着我国社会经济快速发展，地震、滑坡、洪水和台风等重大自然灾害所造成的冲击和影响越来越严重。重大自然灾害事件是影响国家长治久安和安全发展的重大风险源，它不仅会造成重大人员伤亡和巨大经济损失，而且会影响经济可持续发展，影响社会秩序。重大自然灾害多发是我国基本国情。京津冀协同发展区域、长三角城市群及长江经济带、港珠澳超级城市群和众多的省会城市均处于重大自然灾害风险非常高的区域。迅速提升重大自然灾害事件应对能力和风险防范能力已经成为当务之急。习近平总书记在唐山大地震40周年之际视察唐山时发表重要讲话，揭开了我国防灾减灾救灾的新篇章，明确提出"两个坚持""三个转变"的重要论断，即坚持以防为主、防抗救相结合，坚持常态减灾和非常态救灾相统一，努力实现从注重灾后救助向注重灾前预防转变，从应对单一灾种向综合减灾转变，从减少灾害损失向减轻灾害风险转变，全面提升全社会抵御自然灾害的综合防范能力。习近平总书记防灾减灾救灾新理念新思想新战略，为新时期防震减灾工作指明了发展方向。为此，2018年，党的十九届三中全会和十三届全国人大一次会议，作出了党和国家机构改革的重大部署，组建应急管理部，整合优化应急力量和资源，推动形成统一指挥、专常兼备、反应灵敏、上下联动、平战结合的中国特色应急管理体制，提高防灾减灾救灾能力，确保人民群众生命财产安全和社会稳定。这是我国防震减灾体制机制的重大变革，是推进国家治理体系和治理能力现代化的重大举措，对提高我国综合防灾减灾救灾能力、推进新时代防震减灾事业现代化建设具有重大而深远的意义。

由高孟潭研究员等负责选题策划的“灾害风险防控与应急管理译丛”（以下简称“译丛”）密切关注国际相关动态，翻译或编译出版国际上有关重大自然灾害风险防控、灾害韧弹性和应急备灾的研究报告、重大计划实施进展报告、政府白皮书和著名学者论著，是一件很有意义的工作。“译丛”适合于政府管理部门、科研院所、从事自然灾害防抗救工作人员以及广大公众阅读，可为我国政府公共政策制定、重大自然灾害应急备灾管理和广大学者开展自然灾害研究提供参考。我很高兴看到“译丛”的出版，特写下以上几句感想，向读者热忱推介这套“译丛”。

陈运泰

2018 年 4 月

# 译者的话

地震是群灾之首。我国地震活动频度高、强度大、震源浅、分布广，地震灾害非常严重，是国家重大公共安全风险源之一，提升地震灾害风险防范和应急管理能力成为迫切之需。为了更好应对可能发生的重大地震灾害，美国、日本等国家都已经建立了自己的国家地震韧弹性发展计划，其中有许多做法措施值得我们学习借鉴。

美国国家研究委员会（NRC）专门设立了美国地震韧弹性研究、实施与推广委员会，组织了涉及减轻地震风险领域的高水平专家，编写了这份研究报告，在《2008 国家地震减灾计划（NEHRP）战略规划》的框架内，提出了研究、实施与推广国家地震韧弹性的任务路线图，并评估了实施成本，是目前最系统的国家层面建设地震韧弹性的研究报告之一。

鉴于该研究报告对于我国加强重大地震灾害风险防范和应急管理具有非常重要的参考价值，故译成中文版本，以飨读者。本书既可以为防震减灾宏观管理和政策制定提供参考，亦可供从事防震减灾相关领域及专业的科技人员和研究人员参考。

参与本书翻译工作人员：游新兆负责翻译概述；马海建负责翻译第 1 章、第 2 章；贾路路负责翻译第 3 章第 1 节至第 9 节；王新胜负责翻译第 3 章第 10 节至第 18 节；董丽娜负责翻译序、致谢、第 4 章和第 5 章；朱林负责翻译附录。全书由马海建统稿和校对，最终由高孟潭研究员定稿。

本书由中国地震局发展研究中心策划、资助出版。本书的中文版权引进、翻译和出版得到了中国地震局发展研究中心、地震出版社、中国地震局地球物理研究所和安德鲁·纳伯格国际有限公司的大力支持。在此，译者向原著者及为本书出版提供支持和帮助的单位和个人表示衷心的感谢。

由于译者水平有限，难免有疏漏和错误之处，敬请读者批评指正。

译者

2018年4月

# 序

地震威胁着美国大部分地区，1964 年和 2002 年的阿拉斯加州、1857 年和 1906 年的加利福尼亚州以及 1811 年和 1812 年的密西西比河中心流域地区均遭遇了破坏性地震的袭击。造成重大损失的 5 级以上中强震反复袭击西部大部分州以及若干中西部和东部的州，比如 1886 年的南卡罗来纳州和 1755 年的马萨诸塞州。最近袭击日本北部的 9 级灾难性大地震尤其引人注目，因为日本在实施地震灾害防御措施方面是公认的佼佼者[1]。此外，地震灾害具有潜在复杂性，容易引发级联影响效应，引发海啸、切断电力供应以及破坏核反应堆冷却剂泵等。这些灾害组合可能袭击任何地震多发地区。

我们可以做许多事情来减轻地震的影响。通过优化土地利用方式，可以避让活动断层带和不稳定地区。应用建筑抗震规范和措施可以减少损失和人员伤亡。保险和政府援助有助于恢复和减轻经济影响。快速响应可以挽救生命，恢复基本服务。除了这些减少地震损失的传统方法之外，还需要更加关注社区在地震灾害恢复方面的必要行动。

由于认识到地震的严重威胁和减轻地震影响手段的必要性，国会于 1977 年制定了“国家地震减灾计划（NEHRP）”，并定期再授权。该计划要求美国联邦紧急事务管理署（FEMA）、美国国家标准与技术研究院（NIST）、美国国家科学基金会（NSF）以及美国地质调查局（USGS）等四个联邦机构提高对

[1] 日本 9 级大地震发生时，报告已经完成编制和审查，正在印刷，因而无法将其纳入分析。

地震成因和影响的认识，制定并颁布措施以减轻其影响。

美国国家标准与技术研究院（NIST）作为国家地震减灾计划的牵头机构，发布了《2008 NEHRP 战略规划》，明确了 2009—2013 年国家地震减灾计划的愿景、使命、战略目标和具体目标（NIST，2008；摘录于附录 A）。2009 年，美国国家标准与技术研究院要求美国国家研究委员会（NRC）在此基础上开展研究，在研究、成果转化、实施和推广等方面提出国家需求路线图，提升美国地震灾害韧弹性。此外，还要求该路线图吸收 2003 年美国地震工程研究所（EERI）编制的题为“保护社会免受地震损失——地震工程研究与推广计划”（EERI, 2003b;摘录于附录 B）报告（以下简称《2003 EERI 报告》）中的结果。该报告包含了根据专家意见估算的国家地震减灾计划实施 20 年所需成本，美国国家标准与技术研究院（NIST）要求由我们委员会进行更新和验证。

为了开展这项研究，美国国家研究委员会在地震与生命研究部下设立了地震韧弹性研究、实施与推广委员会。委员会的成员包括涉及减轻地震风险的所有学科的专家。委员会共召开了四次会议，其中一次研讨会在加州尔湾市的美国国家学院贝克曼中心举办，除了委员会成员之外，还邀请了包括国家地震减灾计划机构代表在内的约 40 人参加。参会代表帮助委员会了解了国家地震减灾计划的许多关键问题和关注点，并对报告起草作出了实质性贡献。

Robert M. Hamilton 主席

# 致 谢

本报告得到了委员会开放会议专题发言者以及在委员会主办的开放论坛参与者的大力支持，感谢 David Applegate, Walter Arabasz, Ralph Archuleta, Mark Benthien, Jonathan Bray, Arrietta Chakos, Mary Comerio, Reginald DesRoches, Andrea Donnellan, Leonardo Duenas-Osorio, Paul Earle, Richard Eisner, Ronald Eguchi, John Filson, Richard Fragaszy, Art Frankel, James Goltz, Ronald Hamburger, Jim Harris, Jack Hayes, Jon Heintz, Eric Holdeman, Doug Honegger, Richard Howe, Theresa Jefferson, Lucy Jones, Ed Laatsch, Michael Lindell, Nicolas Luco, Steven Mahin, Mike Mahoney, Peter May, Dick McCarthy, David Mendonca, Dennis Mileti, Robert Olson, Joy Pauschke, Chris Poland, Woody Savage, Hope Seligson, Kimberley Shoaf, Paul Somerville, Shyam Sunder, Kathleen Tierney, Susan Tubbesing, John Vidale, Yumei Wang, Gary Webb, Dennis Wenger, Sharon Wood, and Eva Zanzerkia。这些会议上的介绍和讨论为委员会的审议提供了宝贵的意见和参考。

本报告的送审稿已按照美国国家研究委员会（NRC）报告审查委员会批准的程序，由各种不同观点和技术专长的人士进行了审查。独立审查的目的是提供公正的和批评性的意见，这将有助于尽可能完善该报告，并确保其符合有关研究责任的客观、有据和响应的制度标准。审查意见和稿件仍然保密，以保护审议过程的完整性。感谢以下人士参与审查本报告：

John T. Christian，马萨诸塞州沃尔瑟姆的独立顾问；

Lloyd S. Cluff，加利福尼亚州旧金山太平洋煤气电力公司；

James H. Dieterich，加州大学河滨分校；

Carl A. Maida，加州大学洛杉矶分校；

Chris D. Poland，加利福尼亚州旧金山 Degenkolb 工程公司；

Barbara A. Romanowicz，加州大学伯克利分校；

Hope A. Seligson，加利福尼亚州亨廷顿海滩 MMI 工程公司。

尽管上述审稿人提供了许多建设性的意见和建议，但他们没有被要求认可这些结论或提议，也没有在报告发布之前看到最终版。本报告审查的监督工作由科罗拉多大学博尔德分校土木环境与建筑工程系的 Ross B. Corotis 和科罗拉多州博尔德国家大气研究中心的 Warren M. Washington 负责。他们由美国国家研究委员会任命，负责确保本报告按照规定程序进行独立审查，并认真审议所有审查意见。本报告最终内容由编写委员会和国家研究委员会 NRC 全权负责。

# 目　录

# 概 述

美国将来肯定会发生破坏性地震，其中有些地震还可能发生在人口稠密的脆弱区域。应对卡特里娜飓风灾害的惨痛教训表明，在人口稠密地区，应对一般5级以上中强震的措施和指标对于7级以上大震并不适用。这篇报告提出了一个提高美国地震韧弹性的路线图，包括应对罕见的又不可避免的卡特里娜飓风式的大地震事件。

自1964年阿拉斯加9.2级地震以来，美国还未遭遇到8级以上巨震[1]。由于阿拉斯加人烟稀少，地震造成的破坏相对较轻。1906年旧金山地震是美国最近真正遭受的毁灭性大地震，而其他破坏性地震只是中到强震级，由此给人们的一种感觉就是我们国家已经可以有效应对地震威胁,具有“地震韧弹性”。然而，应对中强地震的准备措施指标事实上并非适用于应对巨大地震。帮助理解大震可能造成的影响程度的一个有效方法是应用地震情景构建，即模拟社区对特定地震的影响和反应。2008年美国加利福尼亚地震情景构建项目“The ShakeOut Scenario”，（Jones等，2008），涉及5,000多名应急人员，超过550万居民，地震情景模拟表明，当加利福尼亚发生7.8级强烈地震，将造成约1,800人死亡，建筑物及生命线工程损失1130亿美元，业务中断损失近700亿美元。这么大的地震显然会对整个国家产生重大影响，这就需要着重发展减少这种影

[1] 地震破坏影响不仅反映地震震级，而且反映地震动速度、加速度、频率和震动持续时间。美国USGS定义的地震震级分为：“great”（巨震），$M \geq 8$；“major”（大震），$M$=7 ~ 7.9；“strong”（强震），$M$=6 ~ 6.9；“moderate”（中强震），$M$=5 ~ 5.9；等。见http://www.earthquake.usgs.gov/learn/faq/?faqID=24。

响的能力，即增强国家的地震韧弹性。

美国国家地震减灾计划（NEHRP）是经国会批准的多机构计划，旨在减少未来美国地震的影响。该计划最初于1977年获得国会授权，随后每2 ~ 5年再重新授权一次。由获得资金授权和立法权限的美国联邦紧急事务管理局、美国国家标准与技术研究院、美国国家科学基金会和美国地质调查局四个联邦机构共同负责实施。2009年，该计划预算资金为1.297亿美元，其中美国地质调查局6120万美元，美国国家科学基金会5530万美元，美国联邦紧急事务管理局910万美元，美国国家标准与技术研究院410万美元（NIST，2008）。2008年，该计划执行机构制定了实施战略规划，即《2008 NEHRP战略规划》，其目的是为今后开展相关工作提供良好基础。该规划重点凝练出了14个具体目标，分为三个方面：提高对地震过程及影响的认识，制定节约成本的措施以减轻地震对个人、建筑环境和全社会的影响，提高全国社区的地震韧弹性。

作为国家地震减灾计划的领导机构，美国国家标准与技术研究院委托美国国家研究委员会（NRC）根据《2008 NEHRP战略规划》中描绘的实现国家韧弹性的实施目的和目标，制定减轻美国地震灾害和降低地震风险的路线图。美国国家研究委员会评估了未来20年实现国家地震韧弹性所需要开展的工作及其经费成本。评估报告还认为，国家地震减灾计划实施20年之后，有些工作仍需要持久开展（见专栏1.2）。

## 一、定义地震韧弹性

实现国家地震韧弹性首先应了解地震韧弹性的内容构成。本报告从工程/科学（物理方面）、社会/经济（行为方面）和公共机构（管理方面）几个维度结合，多方面解释了“韧弹性（Resilience）”一词。韧弹性也被解释为增强国家所有地震脆弱地区的稳健性和能力以在发生破坏性地震后充分发挥作用的灾害前、后的行动组合的统称。

委员会也认识到，要成为一个“完全”地震韧弹性国家的成本是高昂的。因此，我们的任务是帮助设定未来 20 年提高国家韧弹性的效绩目标，进而为国家地震减灾计划制定更详细的路线图以及优先事项。基于这些思考，委员会建议国家地震减灾计划采取如下“国家地震韧弹性（National Earthquake Resilience）”定义：

> 灾害韧弹性国家，是其社区有减灾措施和灾前准备，具备当重大灾害发生时可维持社区的重要功能并迅速恢复的自适应能力。

## 二、韧弹性路线图的要素和成本

在《2008 NEHRP 战略规划》的基础上，委员会着手制定重点工作，为进一步实施该规划和建设更具地震韧弹性国家提供基础。最终确定了 18 项任务，范围涉及基础研究到面向社区应用的相关领域，构成了推进国家地震减灾计划战略目标和实施战略规划的“路线图”。这些任务与《2008 NEHRP 战略规划》所述的战略目标和具体目标有交叉，因为它们是从知识构建到实施的连贯一致的活动。

> 委员会通过了《2008 NEHRP 战略规划》，明确了执行该规划并实质性提高国家地震韧弹性所需要实施的 18 项具体任务。

在估算实施路线图的费用时，委员会认识到18项任务之间存在很大的差异，有些任务已经执行或者正在执行，而有的仅仅处于概念阶段。估算每项任务的经费都需要详细分析，确定任务范围、实施步骤以及与其他任务之间的关联或重叠部分。有些任务已经在研讨会或其他场所完成了必要性分析，其实际估算费用可以直接引用（费用估算明细参见附录E）。而有些任务，还必须依靠委员会专家对任务实施需求进一步详细分析。总之，前5年实施路线图的年度费用为3.065亿美元/年（2009年基准价）。任务经费汇总见表S.1，包括下列任务：

1. 地震物理过程。加强对地震现象和地震发生过程的研究，提高地震科学预测能力；前5年的年度费用为2700万美元/年，20年规划总经费为5.85亿美元。

表S.1 任务经费估算汇总表（单位：百万美元，均为2009年基准价）

| 任务 | 第1～5年年度经费 | 第1～5年总经费 | 第6～20年总经费 | 合计 |
|---|---|---|---|---|
| 地震物理过程 | 27 | 135 | 450 | 585 |
| 美国国家地震监测台网（ANSS）[a]升级 | 66.8 | 334 | 1,002 | 1,336 |
| 地震预警 | 20.6 | 103 | 180 | 283 |
| 美国国家地震危险性模型 | 50.1 | 250.5 | 696 | 946.5 |
| 可操作的地震预报 | 5 | 25 | 60 | 85 |
| 地震情景构建 | 10 | 50 | 150 | 200 |
| 地震风险评估与应用 | 5 | 25 | 75 | 100 |
| 震后科学响应与恢复研究 | 2.3 | 11.5 | 待定[b] | 待定[b] |
| 震后信息管理 | 1 | 4.8 | 9.8 | 14.6 |
| 减灾和恢复的社会经济学研究 | 3 | 15 | 45 | 60 |
| 社区韧弹性和易损性观测网络 | 2.9 | 14.5 | 42.8 | 57.3 |

续表

| 任务 | 第1~5年年度经费 | 第1~5年总经费 | 第6~20年总经费 | 合计 |
|---|---|---|---|---|
| 地震破坏和损失的物理模拟 | 6 | 30 | 90 | 120 |
| 现存建筑物评估与加固技术 | 22.9 | 114.5 | 429.1 | 543.6 |
| 基于性能的地震工程 | 46.7 | 233.7 | 657.8 | 891.5 |
| 生命线系统地震韧弹性指南 | 5 | 25 | 75 | 100 |
| 下一代可持续材料、构件和系统 | 8.2 | 40.8 | 293.6 | 334.4 |
| 知识、工具和技术转移到公共和私人实践 | 8.4 | 42 | 126 | 168 |
| 地震韧弹性社区和区域示范项目 | 15.6 | 78 | 923 | 1,001 |
| 合计 | 306.5 | 1,532.3 | 5,305.1 | 6,837.4 |

a）不包括大地测量监测或大地测量观测网络的支持；
b）后 15 年的经费计划将基于前 5 年的实施绩效评估。

2. 美国国家地震监测台网升级。完成剩余 75% 的国家地震监测台网的部署；前 5 年的年度经费为 6680 万美元 / 年，20 年规划总经费为 13 亿美元。20 年规划实施期之后，持续运营和维护经费为 5000 万美元 / 年。

3. 地震预警。地震预警系统评估、测试和部署；前 5 年的年度经费为 2060 万美元 / 年，20 年规划总经费为 2.83 亿美元。

4. 美国国家地震危险性模型。完成全国范围的地震危险性地图，建立城市地震危险性地图和高危社区地震风险地图；前 5 年的年度经费为 5,010 万美元 / 年，20 年规划总经费为 9.465 亿美元。

5. 可操作的地震预报。与相关州和地方机构协调，研究和实施可操作的地震预报（OEF）；前 5 年的年度经费为 500 万美元 / 年，20 年规划总经费为 8500 万美元。20 年规划实施期之后持续运营和维护经费未知。

6. 地震情景构建。综合地球科学、工程和社会科学等信息开发模拟推演地震场景，将地震和海啸对社区的冲击影响以及可能的规避效果可视化；前 5 年的年度经费为 1000 万美元 / 年，20 年规划总经费为 2 亿美元。

7. 地震风险评估与应用。将科学、工程和社会科学等信息集成整合到基于 GIS 的损失估算平台，改进地震风险评估和损失估算方法，前 5 年的年度经费为 500 万美元 / 年，20 年规划总经费为 1 亿美元。

8. 震后科学响应与恢复研究。综合记录地震应急响应和恢复过程预期的和即时的活动情况及其产出效果，并模式化，以改进家庭、组织、社区和区域各层面的减灾措施和准备工作；前 5 年的年度经费为 230 万美元 / 年，5 年实施期之后再评估。

9. 震后信息管理。采集、提炼和广泛传播地震相关的地质、结构工程、体制机制和社会经济影响等信息，以及灾后的应对措施，创建和维护震后勘察数据；前 5 年的年度经费为 100 万美元 / 年，20 年规划总经费为 1460 万美元。20 年规划实施期之后持续运营和维护经费未知，似乎较少。

10. 减灾与恢复的社会经济学研究。支持社会科学领域的基础研究和应用研究，调查研究个人和组织对于促进地震韧弹性的内在动力，韧弹性行动的可行性研究和成本估算，排除推进实施的壁垒；前 5 年的年度经费为 300 万美元 / 年，20 年规划总经费为 6000 万美元。

11. 社区韧弹性和易损性观测网络。建立一个观测网络，衡量、监控和模拟社区的灾害易损性和地震韧弹性，重点聚焦于地震韧弹性和易损性，风险评估、感知和管理策略，减灾行动，灾后重建和恢复；前 5 年的年度经费为 290 万美元 / 年，20 年规划总经费为 5730 万美元。20 年规划实施期之后持续运营和维护经费未知。

12. 地震破坏和损失的物理模拟。综合任务 1、13、14 和 16 获得的知识，开展稳健估计，断层破裂、地震波传播以及土壤结构响应全耦合模拟，估算经济损失、业务中断和人员伤亡情况；前 5 年的年度经费为 600 万美元 / 年，20 年规划总经费为 1.2 亿美元。

13. 现存建筑物评估与加固技术。基于综合实验研究和数值模拟，开发预判现存建筑物对地震响应可靠性水平的分析方法，完善对建筑物抗震评估和修复的共识标准;前 5 年的年度经费为 2290 万美元 / 年,20 年规划总经费为 5.436 亿美元。

14. 基于性能的地震工程。增进基于性能的地震工程知识，开发实施工具，改进设计方法，为决策者提供信息，修订建筑物、生命线工程和地质结构的规范和标准；前 5 年的年度经费为 4,670 万美元 / 年，20 年规划总经费为 8.915 亿美元。

15. 生命线系统地震韧弹性指南。开展以生命线工程为重点的合作研究，更好地刻画基础设施网络的易损性和地震韧弹性，以此作为系统检查和更新现有生命线相关标准和指南的基础，有针对性地开展试点和示范项目；前 5 年的年度经费为 500 万美元 / 年，20 年规划总经费为 1 亿美元。

16. 下一代可持续材料、构件和系统。开发和部署绿色和（或）适配的新型高性能材料、构件和框架系统；前 5 年的年度经费为 820 万美元 / 年，20 年规划总经费为 3.344 亿美元。

17. 知识、工具和技术转移到公共和私人实践。启动一项计划，鼓励和协调促进跨国家地震减灾计划相关领域的技术转移，确保在全国各地，特别是在中度地震危险地区部署最先进的减灾技术；前 5 年的年度经费为 840 万美元 /

年，20 年规划总经费为 1.68 亿美元。

18. 地震韧弹性社区和区域示范项目。支持和指导基于社区的地震韧弹性试点项目，应用国家地震减灾计划的产出以及其他知识，增进认识、降低风险，提高应急准备和灾后恢复能力；前 5 年的年度经费为 1560 万美元 / 年，20 年规划总经费为 10 亿美元。

## 三、路线图各项任务的时间安排

委员会建议，这里确定的所有任务应根据资金情况立即启动，并建议在增强国家地震韧弹性的具体行动和为其提供良好基础所需的研究工作之间进行适当的平衡。各项任务中那些基础性工作部分应立即启动实施，因为有些行动需要等待先期的基础工作结果。附录 E 中列出了一些任务的时间安排和详细的经费明细。委员会还指出路线图中的两个“观测”要素，即任务 2 和任务 11，许多任务需要他们提供的基础观测信息。

## 四、地震韧弹性和机构协调

虽然国家地震减灾计划的四个执行机构是构建地震知识的关键核心部门，但他们仅是地震韧弹性研究和应用单位的一部分。事实上，在应用领域，几乎所有建设或运营基础设施的机构都通过采取措施或采纳规范来减少地震影响，从而为国家地震减灾计划的目标做出了贡献。这些机构包括美国陆军工程兵、交通部、能源部以及住房和城市发展部等。除了联邦机构的作用之外，各级政府机构在应用地震知识方面同样发挥着关键作用，私人部门尤其是建筑设计领域也是如此。总之，为减少地震损失作出贡献者远远超出国家地震减灾计划涉及的企事业单位，而国家地震减灾计划为这全方面的努力提供了一次重要的聚焦。委员会认为，通过这些分析来判断对国家地震减灾计划有贡献的所有组织之间的协调配合是否能够得到改善将是有益的和及时的。

## 五、落实国家地震减灾计划知识

在私人部门减少地震易损性和管理地震风险的关键决策，大多都是由个人和公司做出。如果国家地震减灾计划提供的信息以清晰易懂格式通过着扩散过程（Diffusion Processes）传播，可以极大地帮助公民做出决策。例如，活动断层分布图、不稳定地面分布图和历史地震活动图可以影响人们居住地点的选择，相关地震动图能够指导建筑物的设计。

当负责地震风险和管理地震事件影响的人们使用国家地震减灾计划以及其他相关工作创建的知识和公共服务使我们的社区更具地震韧弹性时，国家地震减灾计划就实现了其基本目的：成为一个地震韧弹性国家。增强韧弹性需要有地震风险意识，知道如何处理这种风险并实施处理。但仅提供信息不足以实现地震韧弹性，国家地震减灾计划知识的扩散传播和应用实施是必需的。要将这些知识成功地传播到社区和地震专家、州和地方政府官员、建筑物所有者、生命线工程营运者，以及其他负责建筑物、系统和机构应对地震和震后恢复的人员中，还需要制定专门的战略措施。这种信息传播反映出联邦机构处理地震威胁职权有限。而地方和州政府对公共安全和福祉负有责任，包括规范土地使用以规避灾害，制定和执行建筑规范，向面临灾害威胁的社区发出警告并对灾害事件作出响应等。国家地震减灾计划的目标和宗旨是支持和促进通过私人业主和企业采取措施提高抗震能力，支持地方和国家机构履行职责。尽管应用国家地震减灾计划知识应尽可能提前加紧行动，而知识前沿一致推进，提高对地震威胁、降低风险和发展进程的认识，激发开展实施行动的积极性，都是不可或缺的，应持续努力。

# 第1章 引 言

当城市地区遭受强烈地震袭击时，建筑物倒塌，人员伤亡，基础设施被破坏，商业活动中断。对一个社区而言，地震的直接影响是毁灭性的，使其无法开展救援工作、恢复基本服务和启动恢复进程。从灾难中恢复的能力体现了社区的韧弹性，这也是本报告所重点关注的地震韧弹性的诸多因素。具体来说，我们提供了一个在国家地震减灾计划的战略规划框架内建立社区韧弹性的路线图。国家地震减灾计划（NEHRP）于1977年获得美国国会首次授权，旨在协调美国国家标准与技术研究院、美国联邦紧急事务管理署、美国国家科学基金会和美国地质调查局四个联邦机构。

美国最近的*三次地震灾害都发生在加利福尼亚州，1994年洛杉矶附近的北岭地震，1989年旧金山附近的洛马普列塔地震和1971年洛杉矶附近的圣费尔南多地震。每次地震中，大型建筑物和主要高速公路都严重损毁，受影响地区的经济活动受到严重破坏。尽管损毁严重，但每次地震的死亡人数均未超过一百人。震后几天或几星期内，这些社区陆续恢复了许多基本服务或者解决了重大问题，例如完成了救援工作或受损经济活动业已开始恢复。由此可见，这些社区是相当有韧性的。但是必须强调的是，这三次地震震级都不到7级，而且影响范围有限。如果发生八级以上巨震，这些社区将如何应对呢？从这些5级以上中强震案例中，可以获得哪些应对更强烈地震的启示呢？

---

* 译者注：距报告完成之前最近的。

也许飓风灾害处理的经验值得借鉴。在美国，每年都会有一些破坏性的飓风登陆，导致中等程度的构筑物破坏、洪水和有限的服务中断（通常是停电）。通常飓风过后几天之内，生活就会恢复正常。但是，2005 年卡特里娜飓风打破了这种“常规”。飓风造成新奥尔良地区洪水泛滥，大量人口长期疏散。当地的应对能力已经超出了极限，短期内新奥尔良地区很难恢复。

如果未来再发生 1906 年北加州或 1857 年南加州这样规模的地震，会导致卡特里娜飓风式的大灾难吗？答案是肯定的，但也有明显不同。洪水不再是主要灾害，而是大量的人员伤亡、建筑物倒塌、火灾和经济中断等严重后果。同样，鉴于该地区许多桥梁和化学设施的脆弱性以及密西西比河上的大量驳船交通，如果再次发生 1811—1812 年的新马德里地震，会有什么后果？或者，如果 1886 年查尔斯顿地震发生在地震多发、未加固砌体结构比比皆是、地震防御薄弱的美国中东部其他地区,会有什么后果？这个报告的主题是区域韧弹性，以及提升区域地震韧弹性的步骤或路线图。

## 1.1 地震风险与灾害

地震发生是一个连续过程，首先导致断裂和地面震动，接着引发滑坡、液化和海啸等，进而引发建筑环境的破坏性过程，如火灾和溃坝（NRC，2003）。大型地震的社会经济影响可能会持续数十年。

*地震危险*是对某地发生地震强度的概率预测。*地震风险*是对地震造成的社会破坏的概率预测，通常以特定地区震后人员伤亡和经济损失来衡量。风险取决于危险，但也与社区的*暴露度*有关，包括人口、建筑环境的范围与密度等，即建筑环境、人口和社会经济系统的*脆弱性*。易损性包括暴露和脆弱。风险通

过韧*弹性*降低，韧弹性是社区从地震灾害中恢复效率和速度的度量。

在一个政策和经济投资影响的可评估框架内，风险分析试图量化风险等式，为降低风险的决策过程提供信息。风险量化是一个难题，因为它需要详细了解自然环境和建筑环境，以及对地震和人类行为的理解。另外，国家地震风险是动态变化的，随着城市地震暴露指数的上升（EERI，2003b），计算风险时要预测非常不确定的人口趋势。

## 地震损失估计

开展制定政策所需的宏观地震风险研究是国家地震减灾计划的职责。地震风险研究主要采用情景构建研究方法，通过对单一地震的影响进行建模；或概率研究方法，对不同地震情景根据年度发生概率进行加权分析。风险结果通常以美元计价，衡量损毁、死亡、伤害、产生的垃圾、生态破坏等。风险暴露期定义为建筑物的设计寿命或其他感兴趣的时间段（例如 50 年）。通常情况下，地震风险估计用超越概率（EP）曲线（Kunreuther 等，2004）来表示。EP 曲线显示了特定参数等于或超过指定值的概率（见图 1.1）。在此图中，特定情景的地震损失估值表示为穿过 EP 曲线的水平线，而地震的年化损失估值则由 EP 曲线下的面积表示。

2008 年加利福尼亚大震动是一个在南加州进行的地震情景构建研究实例。它描述了假如在圣安德烈斯断层（见图 1.2）最南端 300 公里处发生 7.8 级地震，震中和震后将会发生什么事情。这不是危言耸听，圣安德烈斯断层是最有可能发生大地震的地方。这次情景分析涉及 5000 多名应急人员和 550 多万市民。结果表明，模拟的地震将导致大约 1800 人死亡，1130 亿美元的建筑物和

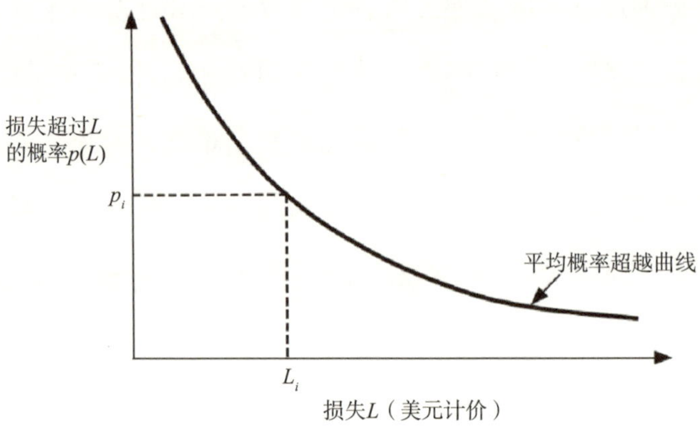


图1.1 样本平均EP曲线，描述对于特定事件其保险损失超过$L_i$的概率$p_i$。资料来源: Kunreuther等 (2004)

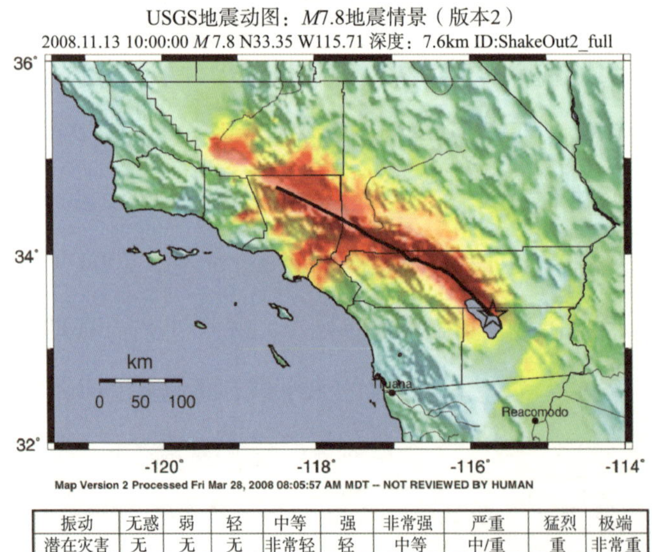


| 振动 | 无感 | 弱 | 轻 | 中等 | 强 | 非常强 | 严重 | 猛烈 | 极端 |
|---|---|---|---|---|---|---|---|---|---|
| 潜在灾害 | 无 | 无 | 无 | 非常轻 | 轻 | 中等 | 中/重 | 重 | 非常重 |
| 峰值加速度 | <.17 | .17-1.4 | 1.4-3.9 | 3.9-9.2 | 9.2-18 | 18-34 | 34-65 | 65-124 | >124 |
| 峰值速度 | <0.1 | 0.1-1.1 | 1.1-3.4 | 3.4-8.1 | 8.1-16 | 16-31 | 31-60 | 60-116 | >116 |
| 仪器烈度 | I | II-III | IV | V | VI | VII | VIII | IX | X+ |

图1.2 加利福尼亚大震动的模拟地震动图。颜色图例表示麦氏地震烈度，颜色越暖破坏约严重。来源：美国地质调查局。网址：https://earthquake.usgs.gov/data/shakemap/sc/shake/ShakeOut2_full_se/

生命线损毁，近 700 亿美元的商业中断损失（Jones 等，2008;Rose 等，待刊）。大面积、长时间停水是造成商业中断损失的主要原因。此外，这次地震情景更像是加强版的卡特里娜飓风事件，天然气总管断裂和其他类型意外事故引发的城市火灾预计将导致 400 亿美元的财产损失，并造成超过 220 亿美元的商业中断损失。1906 年旧金山地震、1923 年东京地震和 1995 年神户地震都发生了毁灭性的火灾。

### 专栏 1.1 HAZUS®—NEHRP 的风险度量

监测和比较各州、地区的地震风险的能力对于国家地震减灾计划的管理至关重要。在州和地方一级，了解地震风险对规划和评估与建筑规范相关的成本和收益以及其他各种预防措施非常重要。HAZUS 是用于地震损失估算的地理信息系统（GIS）软件，由美国联邦紧急事务管理署（FEMA）与美国国家建筑科学研究院（NIBS）合作开发。1997 年和 1999 年 HAZUS 版本只可以估算地震灾害，2003 年发布的 HAZUS-MH（Hazards U.S.-Multi-Hazard）引入了风灾和洪水灾害。自 HAZUS 维护版 1.0 发布以来，美国联邦紧急事务管理署（FEMA）已经连续提供了多个版本。2010 年 12 月发布了最新版本 HAZUS 维护版 5.0。

年度地震损失（AEL）是对特定地区任意年份的地震损失的长期均值估计。美国联邦紧急事务管理署基于人口普查数据，开展了 1990 年和 2000 年年度地震损失估计（FEMA，2001，2008）。Petak

和 Atkisson（1982）对 1970 年年度地震损失进行了分析。这些研究显示，全国年度地震损失从 1970 年的 7.78 亿美元增加到 2000 年的 47 亿美元，四十年增加了 40%（见图 1.3）。这三项研究中的损失都采用与建筑相关的直接经济损失，包括结构性和非结构性修复成本、附着物损坏、商业库存损失和直接业务中断损失。

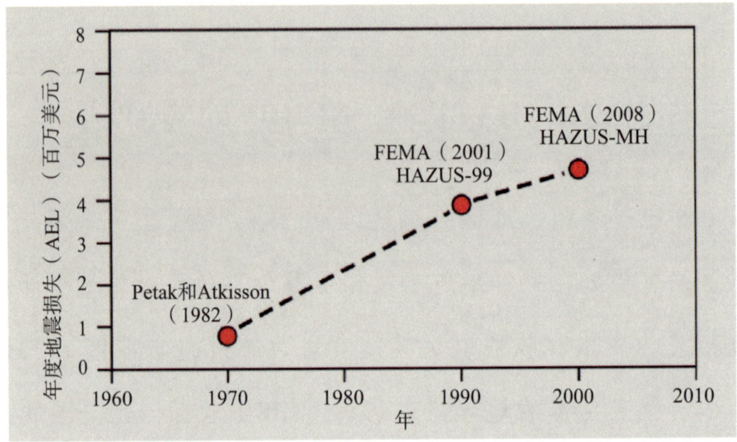


图1.3 美国地震风险的增长。在人口普查年份显示年度地震损失（AEL）估计值，估算值以人口普查年为基础。Petak和Atkinson（1982）的1970年人口普查估计数；美国联邦紧急事务管理署（2001）1990年人口普查HAZUS-99估计；和HAZUS-MH从联邦紧急事务管理署（2008）的2000年人口普查估计。基于CPI通胀计算器的消费者价格指数（CPI）美元调整（见data.bls.gov/cgi-bin/cpicalc.pl）

虽然解决地震风险的需求在许多社区都已被接受，但通过减少风险等式中的不确定性，识别和应对具体危险和风险问题的能力可以得到提高。损失估计结果的大范围浮动一般来自两类不确定性，地震过程的天然变化（随机不确定性），以及对所涉及的真实危险和风险缺乏认知（认知不确定性）。不确定性与用于估计地面运动和建筑物存量的方法、假设和数据库，建筑物响应模型以及经济社会损失与物理损失之间的相关性有关。

对已经公布的不同风险评估结果进行对比，我们发现风险评估对不同输入的敏感性不同，如土壤类型和地面运动衰减模型或建筑存量和损毁的计算。国家地震减灾计划机构通过为社区提供基础地球科学和岩土工程研究和数据来减少这些认知不确定性，因为科学研究地震的发生过程可以帮助理解其内在的随机的不确定。准确的损失估计模型提高了公众对地震风险管理决策的信心。在无法降低图 1.1 中的 EP 曲线的不确定性之前，专家们将没有足够信心向决策者通报发生概率和潜在后果，就会出现不必要或者不充分的应急减灾响应（NRC，2006a）。有关新建和修复的建筑物和基础设施的信息，加上改进的地震灾害风险地图，可以使政策制定者感受到地震减灾计划带来的风险减轻和安全改善（NRC，2006b）。

## 1.2 国家地震减灾计划过去30年的成就

在其 30 年的历史中，国家地震减灾计划为开发应对地震威胁的知识库，进行了有针对性的协调努力。基于《2008 NEHRP 战略规划》（NIST，2008），将地球科学和工程领域的具体成就总结如下：

提高了对地震过程的认识。基础研究和地震监测显著加深了对引发地震的地质过程、地震断层特征、地震活动性质和地震波传播的认识和理解。这种理解已被纳入地震危险性评估、地震趋势评估、建筑规范和设计标准、地震影响的快速评估以及用于减轻风险和规划响应的情景模拟中。

改进了地震危险性评估。通过一个科学合理的可重复过程，即由专家和用户社区在地区和国家层面进行同行评审，完成了国家地震危险性区划图的改进。

过去基于六个广阔区域，现在基于覆盖全国的约 150,000 个地点的地震灾害评估网格。新地图，于 1996 年首先制定，定期更新，并作为设计地震动区划图的基础。设计地震动区划图被国家地震减灾计划应用于有关新建筑和其他结构物抗震规范的建议中，是典型建筑规范的地震要素的基础。

改进了地震风险评估。在全美使用的地震危险和风险评估技术的发展已经提高了人们对地震对社区的影响的认识。国家地震减灾计划基金支持了 HAZUS-MH 的开发和持续改进。在国家地震减灾计划支持下，地震风险评估和损失评估方法与地震灾害评估和速报成功整合，为应急响应和社区规划提供了帮助。此外，由美国国家科学基金会支持的三个地震工程中心完成了风险评估和灾害损失评估方面的重大改进，超出了一般用户软件包的范围。

提高设计和施工过程中的抗震要求。在 50 个州，州和地方政府采用了国家建筑抗震规范，新建筑物的抗震性能大幅提升。开发先进的用于设计和施工的地震工程技术，大大提高了抗震设计和施工的成本效益，同时给出预测决策结果的选项。这些技术包括利用非结构性构件减轻地震风险的新方法，消散建筑物所受地震能量的基础隔离方法以及基于性能的设计方法。

发展伙伴关系以提高公众地震减灾意识。 国家地震减灾计划与州和地方政府、专业团体以及多州地震联盟建立并保持伙伴关系，提高公众对地震威胁的认识，支持建立健全地震减灾政策。

加强地震信息的开发和传播。现在面向公共部门和私人部门行政人员以及普通公众的地震相关信息显著增加。这来源于有效的文件记录，地震响应演习，“从地震中学习”活动，以及各类地震安全、培训、教育、地震现象和减灾手段的出版物。目前，已经向面临地震风险人群发放了数百万份地震防灾手册，其中的许多手册已经从英文翻译成大部分人口最容易理解的语言。国家地震减灾计划现在拥有一个网站[2]，提供有关该计划的信息，并通过电子月刊："Seismic Waves"定期与地震专业社区进行交流。

改进了地震的发布。美国国家地震监测台网（ANSS）的所有组成部分，包括美国地质调查局国家地震信息中心和区域网络，现在都会在地震发生后几分钟内提供地震警报，描述震级和地点。美国地质调查局的PAGER系统[3]提供了受影响人口和城市的评估结果，包括以麦加利烈度表示的影响等级以及死亡人数和经济损失评估结果（见图1.4）。当叠加上显示地面震动分布和程度的ShakeMaps[4]图（例如，第3章图3.2）时，这些信息对于有效应急响应、基础设施管理和重建规划是至关重要的。

扩大地震专业人员的培训和教育。数以千计的美国大学毕业生参与和体验了国家地震减灾计划支持的研究项目和培训活动，并从中受益。这些毕业生现在成为了美国地震专业界的核心。

建设先进的数据采集和科研设施。国家地震减灾计划领导开发了美国国家地震监测台网和地震工程模拟网络（NEES）。地震工程模拟网络已经成为用于测试岩土工程、结构工程和非工程系统的国家基础设施。美国国家地震监测台网将形成一个全面监测地震活动并收集地面和结构中的地震动数据的全国系统。国家地震减灾计划还参与了全球地震学网络的发展，提供全球地震事件的数据。

除了《2008 NEHRP战略规划》中列举的重要成就之外，国家地震减灾计

---

[2] www.nehrp.gov

[3] 参见 earthquake.usgs.gov/earthquakes/pager/

[4] 参见 earthquake.usgs.gov/earthquakes/shakemap/

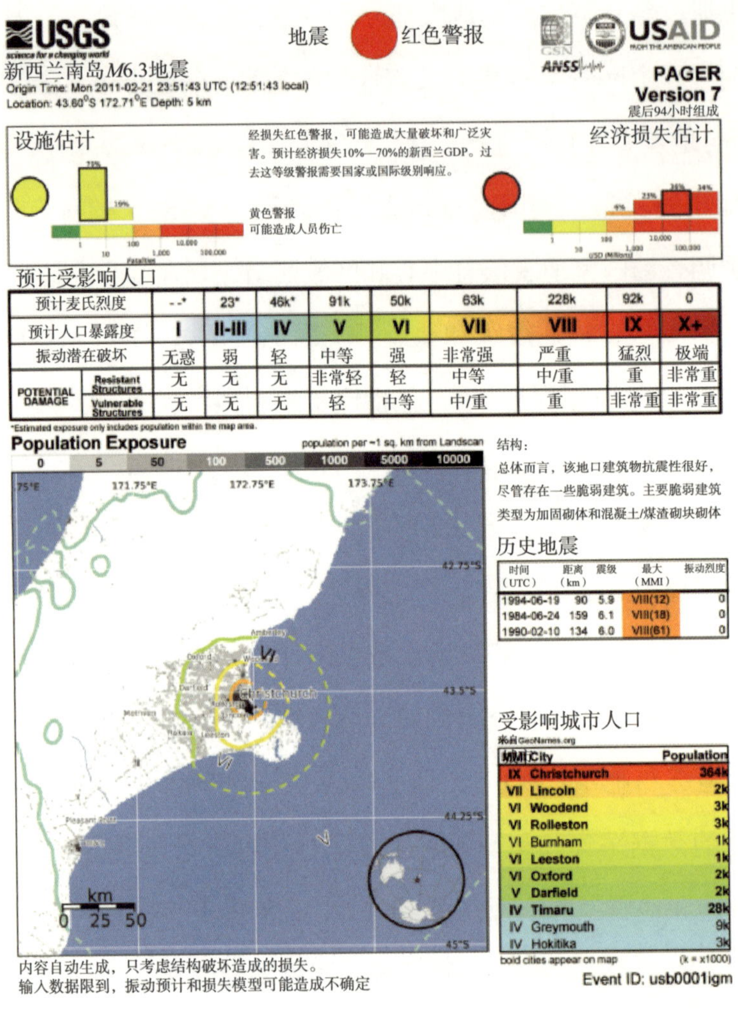


图1.4 PAGER 输出示例：2011年2月新西兰克赖斯特彻奇地震的强度和破坏。资料来源：美国地质调查局. 网址：earthquake.usgs.gov/earthquakes/pager/events/us/b0001igm/index.html.

划还在社会科学领域取得了如下成就（NRC，2006a）：

开发比较研究框架。过去三十年来，在国家地震减灾计划的大力支持下，越来越多的社会科学家将地震研究置于一个包含其他自然、技术和故意事件的比较框架之内。这个不断发展的框架要求在社会科学范畴内，以及在社会科学、自然科学和工程学科之间，将危险与灾害研究结合起来。

记录社区和地区对地震和其他自然灾害的脆弱性。在国家地震减灾计划的赞助下，社会科学知识有了很大的扩展，例如社区和地区暴露度以及地震和其他自然灾害的脆弱性等，为开发更精确的损失估计模型和相关的决策支持工具（例如 HAZUS）奠定了基础。利用最先进的地理空间和时间方法（例如 GIS、遥感以及灾害危险区与人口信息的可视化叠加分析），越来越多的风险漏洞被记录下来，记录结果与灾前、灾中和灾后社会科学调查数据保持一致。

家庭和企业部门采取自我保护措施。国家地震减灾计划开发了一个家庭层面的保护措施知识库，包括脆弱性评估、风险沟通、预警响应（如疏散）以及其他形式的保护行动（如应急食品和供水、灭火器、关闭水电的程序和工具、灾害保险）。采用这些和其他已经系统建模的自我保护措施，更加强调灾难经验和对个体风险的认知（即对具体事件后果的家庭脆弱性的看法），其次是人口变量（例如收入、教育、房屋产权）和社会影响（例如交流模式和对其他人做什么的观察）。尽管关于商业活动的自我保护措施的研究工作不多，但最近灾害经验表明，商业或生命线中断与应急准备活动开展相关，至少在短期内是如此。对于小企业而言，这些应急准备可能发挥更大的作用。

公共部门采取减灾措施。国家地震减灾计划赞助的大多数社会科学研究都聚焦在减灾政策上，因为它们与土地使用法规中的各级政府间问题有关。这些规定的高度政治属性是有据可查的，特别是涉及到多级政府时。由于其他利益相关者（例如银行家、开发商、工业协会、专业协会、其他社区活动家和应急管理从业者）的参与，土地使用中家庭和企业的责任冲突复杂化了。结果是复杂的权力关系网络制约了减灾政策和做法在基层和地方的推广。

灾害保险问题。国家地震减灾计划赞助的社会研究记录了开发和维护一个精确、合理的地震和洪水保险项目时遇到的困难，即那些最有可能购买地震和洪水保险的人实际上是最有可能提出索赔的人。这个问题使得单靠私人部门维持这样的保险市场几乎是不可能的。经济学家和心理学家在实验室研究中发现，人们在处理一些与风险相关信息如作出保险购买决策时，存在逻辑缺陷。地震和洪水保险市场失灵仍然是一个重要的社会科学研究和公共政策问题。

公共部门采取灾害应急和恢复准备措施。国家地震减灾计划资助的社会科学课题已经完成了多项应急准备的相关研究，包括当地的灾备程度，提高社区备灾效果的管理策略，日益增多的计算机和通信技术在灾害规划和培训中的应用，社区应急准备的网络结构，以及实际事件期间各种备灾措施包括预先措施（例如改进的警报响应和撤离行为）和临时措施（例如对人力和资源的有效临时使用）的效果。但是，迄今为止，关于备灾行为的灾害恢复方面的社会科学研究很少。

灾害的社会影响。由国家地震减灾计划支持的社会科学研究实体已经记录了灾害对居民住房以及商业住宅的破坏性影响以及人们的恢复过程（紧急住所、临时住所、临时住房和永久住房）。特别提到了女性和少数族裔为主的低收入家庭面临的问题。值得注意的是，国家地震减灾计划支持的社会科学研究很少涉及灾害对建筑环境其他方面的影响。大量关于灾害的心理、社会和经济以及（某种程度的）政治影响方面的研究文献表明对于受影响人口而言，这些影响虽然不是随机的，但通常是适度和短暂的。

公共和私人部门的灾后应对措施。1977 年国家地震减灾计划成立之前和成立以来的研究反驳了一直以来的错误观点，包括在灾害期间恐慌是普遍的，大部分预期响应救灾的人会选择放弃，地方机构将会崩溃，犯罪和其他形式的反社会行为猖獗，受灾群众和应急响应人员的精神损害会很严重。现有的和正在进行的研究对预期和即兴响应的组合进行了记录和建模。这些响应来自于应急管理人员，他们所属的公共和私人组织以及由这些个人和组织构成的多组织网络。作为这项研究的结果，目前正在为应急管理人员开发一系列的决策支持工具。

公共和私人部门的灾后重建和恢复。在国家地震减灾计划之前，人们对不同层次的分析（例如家庭、街道、企业、社区和地区）的灾难恢复过程和成效知之甚少。国家地震减灾计划资助的项目完善了灾难恢复的一般概念，对理解家庭和社区（主要地）和企业（最近）的恢复作出了重要贡献，并有助于发展基于统计的社区和区域灾后损失及恢复过程模型。

韧弹性一直是美国国家科学基金会支持的地震研究中心的研究主题。纽约州立大学布法罗分校多学科地震工程研究中心（MCEER）资助开展了一些韧弹性研究，包括具有可操作性的韧弹性定义研究、成本和效益衡量研究以及可在个人家庭、企业、政府和非政府机构层面实施的韧弹性政策研究。中美洲地震中心（MAE）资助了有关提升区域韧弹性的研究。

## 1.3 路线图背景——EERI报告和NEHRP战略规划

《2008 NEHRP 战略规划》呼吁加快发展社区灾害韧弹性，建立了一个“在公共安全、经济实力和国家安全方面具有地震韧弹性的国家”的发展愿景，并阐述了国家地震减灾计划的任务是“为了开发、传播和促进减轻地震风险的知识、工具和实践，在国家地震减灾计划机构及其利益相关者之间构建协调的、多学科的、跨部门的合作伙伴关系，提高国家在公共安全、经济安全和国家安全方面的地震韧弹性。”

该计划确定了3项战略目标、14项具体目标（下文列出）和9项优先行动（见附录A）。

战略目标A：提高对地震过程及影响的认识。

目标1：进一步认知地震现象和发生过程。

目标2：进一步认识地震对建筑环境影响。

目标3：进一步加深对在公共和私人部门实施风险减轻战略有关的社会、行为和经济因素的理解。

目标4：改善震后信息获取和管理。

战略目标B：制定节约成本的措施以减轻地震对个人、建筑环境和全社会的影响。

目标5：开展地震危险性评估服务于研究和实际应用。

目标6：开发先进的损失估算和风险评估工具。

目标7：开发提高建筑物及其他结构物抗震性能的工具。

目标8：开发提高关键基础设施抗震性能的工具。

战略目标C：提高全国社区的地震韧弹性。

目标9：提高地震信息产品的准确性、及时性和丰富性。

目标10：开展综合的地震风险情景构建和风险评估。

目标11：制定地震标准和建筑规范并倡导采用和强制实施。

目标12：促进地震韧弹性措施应用于专业实践和公私政策。

目标13：增强地震危害和风险的公众意识。

目标14：发展地震安全领域的国家人力资源基础。

虽然战略规划没有详细阐述需要开展哪些活动，但在美国国家标准与技术研究院（NIST）向委员会通报中提到了《2003 EERI 报告》。这份报告列出了一系列研究计划（见附录 B）的具体行动方案和成本估算，与《2008 NEHRP 战略规划》所提目标大致相符。美国国家标准与技术研究院（NIST）要求委员会对这些行动计划及成本估算，开展审查、更新和验证。

## 1.4 委员会职责和这项研究的范围

美国国家标准与技术研究院（国家地震减灾计划的牵头机构）委托美国国家研究委员会进行研究，对未来 20 年美国实现地震韧弹性所需的活动及其成本进行了评估（见专栏 1.2）。委员会负责部门认识到即使 20 年以后仍然需要在国家地震减灾计划的框架下维持必要的行动。

为了解决这个问题，美国国家研究委员会（NRC）组建了一个由 12 名专家组成的委员会，这些专家的研究领域横跨地震和结构工程，地震学、工程地质学、地球系统科学，灾难和应急管理，以及灾害韧性和灾难恢复的社会和经济因素。委员会成员简历见附录 C。

委员会于 2009 年 5 月至 12 月间举行了四次会议，在华盛顿特区召开了两次会议，其他两次分别在加利福尼亚州尔湾市和伊利诺斯州芝加哥召开（见附录 D）。社区投入的主要焦点是 2009 年 8 月举行的为期两天的公开研讨会，在分组讨论中穿插全体会议，使委员会能够透彻了解社区关于该计划的需求和优先事项。在开始和最后的委员会会议的公开环节，国家地震减灾计划机构代表做了额外的简报。

## 报告结构

在《2008 NEHRP 战略规划》和《2003 EERI 报告》的基础上，本报告分析了影响韧弹性的关键问题，明确了实现其目标的挑战和机遇，并提出了包括社区韧弹性路线图在内的具体行动方案。由于“韧弹性”是实现 NEHRP 战略规划的基本概念，因此第 2 章分析了韧性的基本概念，描述了韧弹性社区的特征、韧性指标，并描述了基于韧弹性的减灾方法对于国家的益处。第 3 章描述了构成实现国家地震韧性路线图的 18 项综合任务，重点放在 20 年内可达到的目标，以及 5 年内可实现的要素上。这些任务以建议措施、现有知识和当前能力、启动条件和实施问题来描述。第 4 章分析了实施这 18 项任务的成本，本着尽可能详细的原则，有些部分进行了具体而详细的成本核算，而另一些在现阶段只能粗略估计。最后一章简要地总结了路线图的主要内容。

# 第 2 章　什么是国家地震韧弹性

韧弹性概念是实现《2008 NEHRP 战略规划》的 20 年路线图的基础。战略规划阐述了旨在“提高在公共安全，经济实力和国家安全方面国家地震韧弹性”的愿景、使命和目标（NIST，2008）。然而，韧弹性的含义还不是很明确，存在着许多版本，缺乏共识。为了对路线图进行阐述，本章提出了“国家地震韧弹性”的工作定义，包括对韧弹性概念和度量问题的简要讨论。讨论是基于多次委员会讨论意见，大量关于韧弹性的文献，以及在 2009 年 8 月委员会组织的研讨会上的 50 多位地震专家的意见。然后，提供了印第安纳州的埃文斯维尔（Evansville）和加利福尼亚州的旧金山的例子来说明一个社区如何努力实现韧弹性的愿景。

## 2.1　定义国家地震韧弹性

目前，韧弹性含义缺乏共识，现有文献中可以找到几十种定义，观点不尽相同。在灾害和灾难的背景下，经常被引用的定义有三个，分别是：

1. 资产、系统或网络能够维持自身功能，以及从恐怖袭击或任何其他事件中恢复的能力（DHS，2006）。

2. 系统、社区或社会通过抵抗或改变自己，适应潜在的灾害风险，达到和保持可接受的功能和结构水平的能力。这取决于社会系统能够自组织来增强学习能力，从过去的灾难中学习，更好地保护未来和改进减灾措施。（联合国国际减灾战略，2006；SDR，2005）。

3. 社会单位（例如组织、社区）减轻风险并遏制灾害的影响，并以尽可能减少社会中断同时最大限度地降低未来灾害影响的方式开展恢复活动的能力。灾害韧弹性是指减少关键基础设施、系统和构件的损坏和失效的可能性；减少受伤、死亡、损毁和对经济和社会的负面影响；并减少恢复特定或一组系统到正常或灾前水平所需的时间（MCEER，2008）。

这三条定义中，美国国土安全部基础设施保护计划（NIPP）定义范围比纽约州立大学布法罗分校多学科地震工程研究中心（MCEER）定义的范围窄。前者维持功能的概念有些模糊，可指在灾难发生时保持尽可能高的功能。或者仅指通过灾后活动来维持功能，而不依靠灾前减灾。这种定义侧重于震后行动（固有的和适应性的），更强调恢复，目标和过程更符合弹性概念的本义。而联合国国际减灾战略（ISDR）的定义则相反，更强调了灾前的减灾和备灾，灾后唯一提及的是恢复速度，强调韧弹性是一个过程。这一定义也被美国国家科学技术委员会的《减灾重大挑战》采用。

尽管《2008 NEHRP 战略规划》（NIST，2008；第 47 页）采用了后一个定义，但在路线图中仍要重点考虑以下问题：

1. "国家地震韧弹性"应该主要在社区层面上发展韧弹性。但是，当地震灾害超出一定范围并且产生国家级后果（见专栏 2.1）时，做好极端情况应对也很重要。

2. 为了使社区更具弹性，需要州和联邦各级政府的支持。

3. 建设国家地震韧弹性应该促进与其他灾害韧弹性之间的协同。

4. 社区应考虑制定多层次韧弹性目标和战略，对不同规模的行动有不同的绩效预期。有时候，遏制“预期”事件比应对非常罕见的“极端”事件可能更有效。

5. 韧弹性包括灾前减灾（降低灾害损失的活动）以及减弱事后损失并迅速恢复的能力。

6. 韧弹性应该允许发生系统性变化，特别是在概率低、后果严重的事件中。韧弹性不是必须回归“正常”或“灾前”的状态。减少未来风险也是恢复工作的目标。

综合考虑到这些因素，委员会建议国家地震减灾计划采用以下“国家地震韧弹性”的工作定义（更适用于所有灾种）：

> 灾害韧弹性国家，是其社区有减灾措施和灾前准备，具备当重大灾害发生时可维持社区的重要功能并迅速恢复的自适应能力。

## 专栏 2.1　美国中部发生地震的广泛后果

根据美国联邦紧急事务管理署（FEMA）的新马德里灾难规划倡议（Elnashai 等，2009），中美洲地震中心对三个新马德里断层上发生的 7.7 级地震情景进行了影响分析。结果表明，这会造成广泛的、灾难性后果（见图 2.1），包括：

⦿ 八个州近 715,000 栋建筑物受损。

⦿ 140 个县的重要关键基础设施（基本设施、运输和公用事业生命线）严重受损：260 万户停电；本地和州际管道有 42.5 万处断裂泄漏；3,500 座桥梁受损，其中 15 座主要桥梁无法使用。

◉ 如果地震发生在凌晨2点，会造成86,000人伤亡，其中死亡3,500人。

◉ 720万人流离失所，200万人需要临时安置。

◉ 130家医院受损。

◉ 直接经济损失达3000亿美元，包括建筑物、运输和公用事业生命线，但不包括业务中断费用。而且，基础设施的损坏将对穿越美国中部的州际运输产生重大影响。

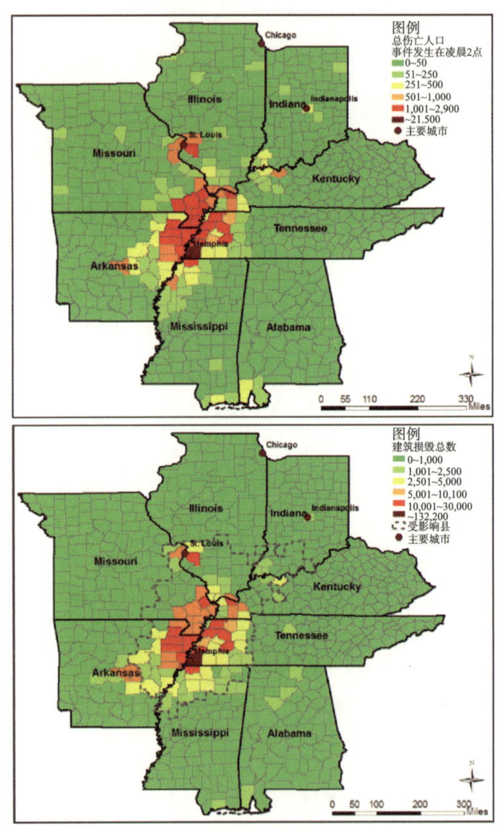


图2.1 模拟地震人员伤亡分布图（上）和建筑物损毁分布图（下）。模拟凌晨两点在New Madrid 断层发生7.7级地震的情景，地震影响八个州，造成近86,000人伤亡，其中死亡3500人，超过713,000栋建筑物损毁。资料来源：Elnashai等（2009);伊利诺斯大学中美洲地震中心

## 2.2 度量灾害韧弹性

没有衡量灾害韧弹性的标准度量,是缺乏有共识定义的直接体现。实际上,“用标准方法评估灾害韧弹性”是美国国家科学技术委员会（NSTC）确定的减灾重大挑战之一（SDR，2005；第2页）。正如本报告所言，需要度量标准有以下几个原因：“通过一致的指标因子和定期更新的度量，社区能够准确评估和维护其灾害韧弹性。进而，将提供社区之间的可比性，并为进一步减少脆弱性提供行动背景。评估累积损失、强化技术和政策变化的影响以及监测行动计划的经济损失总体估算，需要经过验证的模型、标准和指标”（SDR，2005；第2页）。也许最重要的原因是，需要标准化方法来衡量灾害风险减轻计划和减灾措施带来的韧弹性提高。

灾害韧弹性的度量标准与已知的灾害风险度量标准存在几个方面不同。标准的风险衡量包括预期的人员伤亡、财产损失和商业中断损失——即对潜在地震发生概率加权的损失估计。韧弹性在三个重要方面不同于风险。首先，韧弹性包括灾后（响应和恢复阶段）的表现，包括诸如商业中断和恢复所需的时间等方面，而风险通常集中于直接财产损失。其次，韧弹性体现了某种风险可以接受的目标和考量。第三，它也包含了能力建设和过程的观点，而不是仅局限于目标和结果上。

韧弹性是针对特定社区背景及其目标的，所以没法用单一度量指标充分表达。不同的目的需要采取不同的措施。因此对于联邦机构来说，可以从国家尺度来衡量，如开展了积极地震安全计划州数的百分比。对于州政府来说，一个有用的指标可能是积极参与减少地震风险的社区的百分比。对于一个城市来说，需要更多具体的措施。发生“预期”地震时,恢复“社区健康”的时间度量（例如伤亡、财产和经济损失的综合）是一种指标。该社区的年度预期地震损失是另一种选择。在社区内部，像消防部门这样的组织可能会有更多的关于抗震的度量指标。因此，需要进行多级评估，而不是搜索“通用”指标。

研究人员和从业人员已经提出了一些衡量社区级地震韧弹性的方法。这些方法大致可以分为两类：一种以韧弹性为目标，另一种以韧弹性为过程。这里简要回顾几个例子。

Bruneau 等（2003）在联合国国际减灾战略（ISDR）定义的基础上，以结果或目标来度量韧弹性。他们提出了一个韧弹性度量标准，即在恢复时间框架内系统（如城市）的功能或性能损失。如图 2.2 所示。灾难初期下降越小，恢复速度越快，总损失（“损失三角”）越小，韧弹性越高。

在这个框架内，“恢复”是指恢复到未发生灾害的正常状态。因此，要解决以上讨论的韧弹性某些方面是很困难的，比如允许以减少未来风险的方式进行系统变更和重建。但是，该框架可以为适应这些考虑而简化。最近进展主要包括：

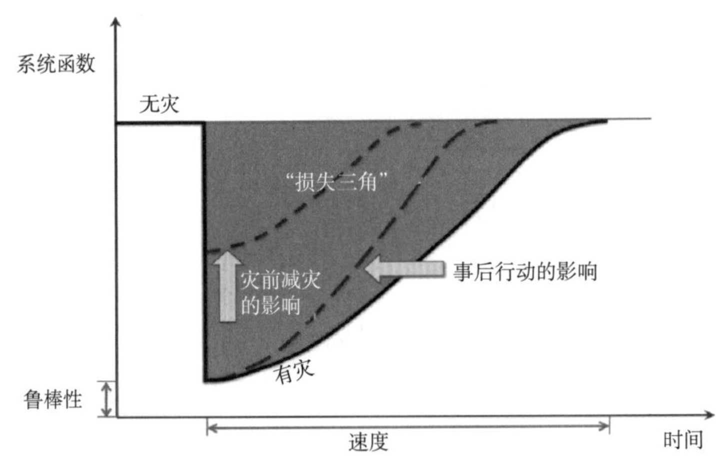


图2.2　利用“损失三角”度量韧弹性。请注意，“稳健性”的程度取决于系统内在的韧弹性以及所有灾前减灾行为的附加影响。资料来源：在Bruneau等(2003)和McDaniels等 (2008)基础上修改。经Elsevier授权，在McDaniels等(2008) 基础上重新印刷

1. 一些研究人员提出了运营指标（如 Chang 和 Shinozuka，2004；Rose，2004，2007）。这些指标的最基础要素是提供了一个度量起点，将由于由韧弹性行动所避免的损失除以给定事件的最大潜在损失。

旧金山建筑物和基础设施的恢复目标状态

| 基础设施集群设备 | 事件发生 | 阶段1（小时） | | | 阶段2（天） | | 阶段3（月） | | |
|---|---|---|---|---|---|---|---|---|---|
| | | 4 | 24 | 72 | 30 | 60 | 4 | 36 | 36+ |
| 关键响应设施和支撑系统 | | | | | | | | | |
| 医院 | | | | | | | | × | |
| 警局和消防站 | | | × | | | | | | |
| 应急行动中心 | × | | | | | | | | |
| 相关设施 | | | | | | × | | | |
| 应急道路和港口 | | | | × | | | | | |
| 应急备用加州火车 | | | | | × | | | | |
| 应急备用机场 | | | | × | | | | | |
| 应急住宿和支撑系统 | | | | | | | | | |
| 95%居民就地安置 | | | | | | | | × | |
| 应急响应住宿 | | | | × | | | | | |
| 公共避难所 | | | | | | | × | | |
| 90%相关设施 | | | | | | | | × | |
| 90%道路、港口设施和公共运输 | | | | | | | × | | |
| 90%市政容量 | | | | | | × | | | |
| 住房和邻里基础设施 | | | | | | | | | |
| 基础城市服务设施 | | | | | | | × | | |
| 学校 | | | | | | | × | | |
| 医疗机构办公室 | | | | | | | | × | |
| 90%邻里零售服务 | | | | | | | | | × |
| 95%的所有设施 | | | | | | | | × | |
| 90%道路和高速公路 | | | | | | × | | | |
| 90%运输 | | | | | | × | | | |
| 90%城市铁路 | | | | | | | × | | |
| 商业运输机场 | | | | | × | | | | |
| 95%运输 | | | | | | | × | | |
| 社区恢复 | | | | | | | | | |
| 所有住宅修复，主建和搬迁 | | | | | | | | | × |
| 95%邻里零售商口开门 | | | | | | | | × | |
| 50%办公场所开门 | | | | | | | | | × |
| 非应急城市服务设施 | | | | | | | | | |
| 所有商业营业 | | | | | | | | | × |
| 100%设施 | | | | | | | | | × |
| 100%高速公路和道路 | | | | | | | | | × |
| 100%运输 | | | | | | | | | × |

来源：SPUR城市规划2009.2

右侧图表中的“×”表示SPUR时当前恢复时间标准的最有根据猜测。阴影区域代表对城市建筑和生命线恢复时间的目标（基于明确规定的性能指标的目标）。两者之间的空白代表我们距韧弹性目标的差距。

恢复目标状态

| 性能度量 | 预期事件后的可用性描述 | |
|---|---|---|
| | 建筑物 | 生命线 |
| A类 | A类：安全可用 | |
| B类 | B类：修复期安全可用 | 100% 4小时内全部恢复 |
| C类 | C类：经中等修复安全可用 | 4个月内全部恢复 |
| D类 | D类：经大修安全可用 | 3年内全部恢复 |
| × | 预期当前状态 | |

图2.3　SPUR政策文件中描述的旧金山的韧弹性目标。资料来源：SPUR (2009)

2. 系统韧弹性和经济弹性等广义弹性概念之间已经有了重要区别。后者更为广泛，因为它关注的是这些服务对经济的贡献，不仅包括供给，也包括需求（不仅仅是第一线客户，还包括客户链条上的其他客户，如 Cox 等，2011）。

3. 最近的计划已经接受了韧弹性概念。旧金山规划和城市研究协会韧性城市倡议（SPUR）方法（SPUR，2009）也侧重于结果（见图 2.3 和相关讨论）。这些结果的数据是靠专家判断得出的，而不是依靠社区咨询或计算机模型。

4. 更广泛的度量指标强调韧弹性的能力或过程维度。这些指标通常通过描述韧弹性社区的特征或灾害前后的具体行动、改编或策略来表征韧弹性（例如 Tobin，1999；Godschalk，2003；Berke 和 Campanella，2006；Cutter 等，2008a，2008b；Norris 等，2008）。最近，社区韧弹性指数研发取得了进展（例如 Emmer，2008；Cutter 等，2010；CARRI，2011）。人口普查或其他易获取的数据以及自我评估的使用，促进了这些未来韧弹性度量指标的发展。

这些例子说明了评估社区韧弹性的一系列方法。如前所述，没有一个指标是通用的，不同的度量方法可能适合在不同情况下评估当前灾害韧弹性和韧弹性建设进展。

## 2.3 地震韧弹性社区是什么样子的

美国国家科学与技术委员会的《减灾重大挑战》确定了灾害韧弹性社区的四大关键特征（SDR，2005；第 1 页）：

◉ 认知和理解相关的灾害。

◉ 处于灾害风险之中的社区知道灾害事件即将发生。

◉ 处于灾害风险之中的人员在家中和工作场所里是安全的。

◉ 灾害韧弹性社区在灾害事件发生后，对生命和经济的破坏最小。

在此背景下，本文提出了更富韧弹性社区应当具备的更具体、更切实可行的特征，以便指导工作的优先开展次序。在一场重大的灾害中：

1. 没有一贯的集中伤亡。重要或人员密集场所（例如，学校、医院和其他主要公共机构,高层商业和居住建筑）不会倒塌,并且大量特定建筑类型（例如危险的未加固砌体结构）不会倒塌。没有会造成大量人员伤亡的重大有害物质泄漏。

2. 经济社会损失可控，无灾难性后果。因为建筑损毁导致的维修、伤亡、流离失所的人口、政府业务中断、失去住房或工作会产生巨大损失。通过降低对建筑环境的破坏，从而避免了灾难性的经济社会损失。社区特征和文化价值在灾难发生后得以保持；不会大规模破坏标志性建筑物（包括历史建筑物）、建筑物群体以及具有建筑学、历史、民族或其他意义的街区。

3. 紧急救援人员能够做出响应和应对。道路通畅，消防系统功能正常，医院等关键设施功能齐全。值得注意的是，在“9·11”袭击事件中，纽约市因为需要成立一个新的应急行动中心，而导致应对迟缓。吸取了这一教训，在世界贸易中心新建了应急行动中心。

4. 重大基础设施在灾害发生后继续提供服务。能源、水和交通设施特别关键。电信也是非常重要的。灾后医院等关键设施需要继续服务，家庭也需要继续提供庇护。

5. 灾害不会升级为灾难。提前预测和减缓基础设施之间的相互依赖关系，单个关键基础设施的中断不会导致其他基础设施的级联失效（例如，新奥尔良的溃堤使得灾害升级为灾难）。迅速遏制火灾，不至于引发大规模的城市骚乱而造成大量人员伤亡和大程度街道破坏。

6. 资源满足所有受影响社区成员的恢复需求。恢复资源可以以充分、及时和公平的方式获取。在很大程度上，地方政府，非营利组织，企业和居民进行了物质和财务的准备（例如有充分保险,已经独立与他人合作开展减灾活动）以应对重大灾难。弱势群体也都处于安全庇护下。

7. 以应对下次灾害更具韧弹性的方式进行社区恢复。将经验转化为改进的设计、准备措施和整体韧弹性。高风险地区以减少而不是再造灾害脆弱性的方式进行重建。

在实现韧弹性目标方面每个社区都将遭遇独特的差距和挑战。战略和行动的优先次序和组合方式因社区而异。每个社区都可以将这些总体目标转化为适合当地的具体易懂的可操作性目标，并针对不同的灾难规模进行调整。这些可操作性目标可以为制定设计标准和改进指导方针提供基础。

下面举两个例子来说明提高社区韧弹性的不同做法。印第安纳州埃文斯维尔（Evansville）的例子注重多方利益相关者团体的长期努力，主要集中在传统的灾前减灾和规划行动上，即增强“稳健性”，如图 2.2 所示。相比之下，旧金山的例子值得注意的是，开创性的社区讨论和着眼于地震后迅速恢复能力的优先行动。

### 2.3.1 例一：埃文斯维尔韧弹性发展过程

下面以印第安纳州的灾害韧弹性社区（DRC）埃文斯维尔发展历史为例，概述长期、多方面发展灾害韧弹性的方法。在 1987 年美国中部地震和 1989 年洛马普列塔地震之后，地质学家和应急响应规划人员认识到，埃文斯维尔比大多数印第安纳城市地震的风险更大，因为该城市部分建在厚厚的软土层上。1990年，在提高社区灾害韧弹性的国家计划之前，埃文斯维尔在印第安纳消防和建筑服务部（IDFBS）和埃文斯维尔市的支持下开始了自己的努力。印第安纳州地质调查局和波尔州立大学最初负责收集地下土壤资料信息。地质、岩土和横波速度数据为IDFBS和范德堡县建筑委员会的风险分析和应急管理响应提供了基础。

1997年，美国中部地震联盟（CUSEC）启动了一个韧弹性社区试点项目，涉及印第安纳州埃文斯维尔和肯塔基州亨德森（Henderson）两个社区。为启动该项目，举办了一个研讨会，汇集了一个由灾害专家、应急管理人员和社区领导人构成的多学科指导委员会，来共同制定一个韧弹性社区项目的模版。本次研讨会由美国联邦紧急事务管理署、美国减少财产损失保险协会（IIPLR）和美国灾难恢复业务联盟以及美国红十字会、风险管理解决方案公司、国际城乡管理协会和埃文斯维尔社区共同举办。工作组制定了减灾战略和实施计划，以解决灾害韧弹性社区项目的主要内容：教育和公众推广，已有研发，新研发，社区土地使用和企业易损性削减。指导委员会确定了埃文斯维尔模式韧弹性社区项目的三个关键组成部分：①使用HAZUS损失评估软件作为社区危险和风险评估的核心特征；②申请成为美国减少财产损失保险协会（IIPLR）国家计划中的“样板社区”；③成立埃文斯维尔商业联盟。委员会概述了目标和示范活动，并认识到要变得更具有灾害韧弹性，需要在地方和国家利益方的合作指导下采取长期的分阶段的方法。

委员会认为“样板社区”应当符合14条标准：

1. 不加修改地采用最新的建筑模型。

2. 根据建筑规范有效性分级表进行测评，并制定改进策略。

3. 参加国家洪水保险计划，接受社区评级服务测评，并制定改善策略。

4. 至少有 8 个消防等级系统。

5. 开展由美国减少财产损失保险协会及地方和国家利益相关方主导的社区风险评估。

6. 为专业人士（例如，工程师、建筑师、建筑官员、承包商）制定并提供减灾培训。

7. 对所有非营利性幼儿中心进行非结构性改造评估，以便进行改造。

8. 提供有关自然灾害和减灾技术的公共教育，保证房主有资格获得激励。

9. 制定关于自然灾害风险和减灾的 K-12 学校课程。

10. 确保社区有土地使用计划和规划者，并根据计划安排区划。

11. 制定紧急恢复计划和灾后恢复计划。

12. 建立灾害恢复商业联盟，制定并实施商业减灾策略。

13. 制定公共和私人部门的激励措施。

14. 参加审核联合批准印章使用。

指导委员会与商业和住宅安全研究所（IBHS）合作完成了任务清单。1997 年完工后，埃文斯维尔被评为全美第一个示范社区。

1998 年，埃文斯维尔向美国联邦紧急事务管理署申请作为项目影响的一部分，并在第二轮被选中。当收到美国联邦紧急事务管理署的资助后，决定并入西南印第安纳灾害韧弹性社区公司。该非营利组织在印第安纳州西南部的五个县有代表处。1997 年秋季，大都会埃文斯维尔商会的执行董事和其他企业的高管发起了一个地区企业联盟的创建活动，成立了西南印第安纳灾害恢复企业联盟（DRBA），并着手制定灾害恢复计划。与灾害韧弹性社区目标一致，双方于 1999 年建立了一个联合办公室，设立了专职主任。

灾害韧弹性社区的工作取得了许多成就，以下强调其中的一些例子以说明伙伴关系的范围、开展活动的类型以及减少地震风险对多灾种韧弹性活动的溢出效益：

◉ 完成关键设施和其他设施的抗震加固。几个消防站进行了结构和非结构改造。36 个非营利日托中心利用当地企业捐赠的材料和当地建筑委员会、青年组织、保险公司和灾害韧弹性社区的志愿者提供的劳动力，完成了非结构性改造。学校协会采取了一些减灾政策，并参与建设 ECO 之家——一种经商业与家庭安全研究所认证的“灾害韧弹性”房屋。灾害韧弹性社区调度志愿者参与了数十个人类家园栖息地非建筑性减灾。埃文斯维尔市的房屋康复服务部门为中低收入家庭提供住房改造，并将热水器作为其中的一部分。

◉ 其他有助于将灾害和风险纳入城市发展的成绩。地区计划委员会在更新综合规划时考虑了灾害和损失估算信息。埃文斯维尔市范德堡县（Vanderburgh）承诺将自然灾害纳入所有土地使用决策。新建筑规范修正案要求新建造的建筑物可以抵御 110 英里的风速。范德堡县和埃文斯维尔获得了国家洪水保险计划的社区评级，分别为当地居民提供了 10% 和 5% 的国家洪水保险费减免。

◉ 为专业人员举办培训班。其中包括市县建设官员、建筑师和工程师以及消防部门人员。HAZUS 倡议涉及众多参与者。数据开发涉及埃文斯维尔大学的学生、印第安纳州地质调查局和灾难恢复商业联盟等等。举办了培训研讨会和 HAZUS

技术小组委员会，以发展和保持使用 HAZUS 进行危害和风险评估的能力。

◉ 灾害韧弹性社区及其合作伙伴制定并传播了备灾和减灾信息以教育大众。印刷材料包括由南印第安纳州煤气和电力公司以及红十字会制定的备灾日历和减灾提示表。Fox 7 制作了“项目影响”倡议纪录片。灾害韧弹性社区与当地学校合作，引入有关的备灾、救灾和减灾的 K-12 教育方案。

◉ 灾害韧弹性社区成员组织了一系列的社区活动，包括地震防备周、防火周、恶劣天气周和建筑安全周；并参加了 CPR / 家庭安全日和当地医院的安全展览等活动。这些活动为当地居民提供了备灾和减灾知识的教育机会。

即使到了 2009 年底，灾害韧弹性社区参与者在没有资金的情况下，仍然继续在学校和企业开展备灾检查，并通过发表演讲和参加地区展会，向不同的团体宣传减灾知识。

埃文斯维尔的计划令人钦佩，因为它注重减轻地震损失，并转向全方位方法。但是，它几乎完全集中于事前减灾，其中只有三个主要原则是指灾后恢复和重建。自从埃文斯维尔计划发展以来，理论和实践的重点则更多集中在本报告定义的灾后韧弹性上，强调维持经济和社会更广泛的功能以及加速复苏。以下所描述的旧金山例子更符合本报告中描述的韧弹性概念，其设计的灾前减灾活动利用了广义“性能”定义，不仅强调减少建筑物损坏，而且还强调维护和恢复建筑物提供的服务。

### 2.3.2 例二：旧金山的韧弹性目标和措施

2006 年，作为 1906 年旧金山地震 100 周年纪念活动的一部分，美国地震工程研究所、美国地震学会（SSA）、加利福尼亚州应急管理局（CalEMA）和美国地质调查局对再次发生 1906 年大地震造成的潜在损失，进行了全面模拟与分析。分析报告显示，如果大地震再次来袭（Kircher 等，2006），预计加利福尼亚州北部将有近千万居民受到影响，9 万多幢建筑物受损，多达 1 万幢商业建筑物将遭受重大结构性破坏，修复费用将耗资 900-1200 亿美元，16-25 万户家庭将流离失所。根据地震是白天发生还是晚上发生，建筑物倒塌将导致 800-3400 人死亡，并可能引发与 1906 年相似规模的火灾，造成巨大的损失。公用设施和运输系统的损坏将使损失额外增加 5% 至 15%，但由于生命线长时间中断和退服造成的经济中断将导致损失成倍增长。累计经济损失可能超过 1500 亿美元。在这种情况下，旧金山市将无法从一连串严重后果中恢复过来，可能失去在该地区的核心地位。

为了避免这种状况发生，会后旧金山的地震专家和政策制定者们迅速联合，开始了为期两年的优先政策和行动，以确保旧金山能够迅速从重大事件中反弹。产生了四份重要的政策文件，汇总形成为“韧性城市”，2008 年获得旧金山规划与城市研究协会理事会通过（SPUR，2009）。专家小组从社区的角度，将韧弹性定义为：

> 韧弹性社区有能力在灾难发生后进行治理。这些社区坚持建立标准，使得电力、水和通信网络在灾难发生不久后可以再次运行，和使得人们可以留在家中或转移到需要的地方，并在数周内恢复相对正常的生活。他们有能力在几年内回到“新”的正常状态，使得灾害不会成为一场阻碍恢复的灾难（SPUR，2009；p.1）。

这个定义的关键要素包括：

1. 建立建筑物、电力、燃气、水、通讯和交通等生命线基础设施系统的性能目标。

2. 对大量房屋进行抗震加固，以便绝大多数城市居民在地震后能够居住（即留在家中）。

3. 成立生命线工程理事会，强化关键服务的应急准备，确保震后短时间内恢复公共服务。

4. 建立一个新的自愿评级制度用以指示银色和金色抗震建筑物，这套标准表现如此出色迅速成为该地区所有新住房的范本。

5. 整个城市有能力在四个月内重新站起来。

为实现这一愿景，专家组针对“预期”地震（ATC，2010）在恢复过程的不同阶段为新建和现有建筑物和生命线确定了性能目标。专家组选择分析“预期”地震，而不是“极端”事件，以便集中处理可能在建筑物或生命线系统使用寿命期间发生的合理大事件。预期地震场景，选择 San Andreas 断层的 Peninsula 段发生 7.2 级地震，另一个正在进行的城市地震研究也在使用该情景。还建立了一系列建筑物和基础设施的简单性能指标，用于度量它们在预期的事件发生后的可用性。建筑物分为三类：安全可用的，在修理期间安全可用的，以及中等修理后安全可用的。专家组评估了建筑物和基础设施预期性能的现状。然后设定了四个震后时间段的实施目标，即立刻、1 至 7 天、7 天至 2 个月以及 2 至 36 个月。

SPUR 针对现有和新建建筑以及基础设施制定了一系列近期和长期建议，综合考虑以下因素：（1）城市每个部分的地震韧弹性目标；（2）当前的抗震性能与地震韧弹性目标之间的差距；（3）进行必要的改进或改造的总成本水平。

在所有案例中，SPUR 的性能指标要求地震韧弹性与以往相比有实质改善。然而，SPUR 并不建议将所有的建筑物和基础设施升级到能够使其“防损”的水平，因为这样成本高昂。相反，通过为预期的地震定义可接受的破坏程度，它将其建议集中在那些最有可能产生快速恢复或每个恢复阶段所需韧弹性水平的改进上。该建议还接受了这样的认识，在处理地震问题时需要解决两个“缺失部分”——生命线（关键基础设施）和劳动力。

专家组在其建议中强调了灾前减灾行动，但是为了实现这些目标，也需要一些灾后行动。例如，要确保“95%的住宅在预期地震发生后 36 小时内是安全的”，就需要对现有的结构进行抗震改造，使绝大多数旧金山居民能够住在当地。它还要求对检查程序和震后入住标准进行重大改变，因为即使公共事业服务不能正常运作，也需要允许居民停留在表面受损的建筑物内。

当然，“预期”之外的地震也是可能的，但是在较小的地震中，预计会有更好的表现。在更大、更极端的事件中，不得不容忍较差的表现。

图 2.3 提供了 SPUR 推荐的特定韧弹性目标示例。图中显示了当前发生地震（标记为 X）的建筑物和基础设施的预期性能，地震后的性能指标（阴影框）以及它们之间的差距。例如，医院、警察局和消防站以及应急行动中心等关键响应设施被归类为预期地震发生后必须立即“安全和可操作”的建筑物。而目前，这些建筑物只可能在 24 小时内甚至长达 36 个月内“安全和可操作”。对于住宅而言，建筑物必须“在维修期间安全和可用”，并且有一个目标是在预期地震发生后的 24 小时内有 95%的居民能够居住。而目前，可能需要长达 36 个月的时间，旧金山 95%的居民才能在预期地震后重新居住。

表 2.1 社会、生态、物理和经济恢复的不同时期韧弹性应用

| 时间尺度 | 应急响应 | 健康与安全 | 公共事业 | 建筑 | 生态环境 | 经济 |
|---|---|---|---|---|---|---|
| 即时（<72小时） | 战术响应 | 伤亡人员处置/家庭团聚 | 启用应急备份系统 | 移除废墟 | 阻止进一步生态损害 | 维持关键货物和服务供应 |
| 应急期（3-7天） | 战略响应 | 提供大量护理 | 开始服务恢复 | 安置失去住所人员 | 移除废墟 | 优化资源使用/替代输入/保留 |
| 非常短期（7-30天） | 选择性响应 | 阻止传染病爆发 | 继续恢复 | 安置失去住所人员 | 保护敏感生态系统 | 稳定市场 |
| 短期（1 - 6月） | 辅助恢复 | 处理创伤后压力 | 完成恢复 | 提供临时住房和商业场所 | 处理保障问题 | 应对小业务市场 |
| 中期（6个月—1年） | 重新评估以便未来应急 | 处理创伤后压力 | 重新评估以便未来应急 | 提供临时住房和商业场所 | 启动修复 | 应对大业务市场/夺回失去的生产 |
| 长期（> 1年） |  | 重新评估以便未来应急 | 为将来灾害做减灾准备 | 重建和减灾 | 为将来灾害做减灾准备 | 应对商业失败/减灾 |

## 2.4 韧弹性的维度

通过总结韧弹性的多个维度，重申本章的要点：

1. 多尺度维度。韧弹性的概念适用于多个层面，从个人（例如心理、经济）到组织、邻里、城市或国家。

2. 多灾种维度。韧弹性适用于所有的灾害，不仅仅是地震。而且，其他灾害的韧弹性在很多情况下可以应用于地震。

3. 资产、系统、经济和社区的存量（财产损失）和流量（货物和服务的生

产）维度。财产损失发生在某个特定的时间点，但服务流（用于维持功能）却被中断直到完成恢复，因此对于灾后回弹更为重要。

4. 行为和政策维度。灾后恢复的时间长短并无法事先预知，而是严重依赖于私人和公共部门决策者的决策和行动。

5. 地球物理维度。韧弹性通常与系统冲击的大小成反比。

6. 时间维度的分叉。静态韧弹性指一个实体或系统受冲击时维持功能的能力，涉及如何有效地分配灾后剩余的资源。动态韧弹性是指实体或系统从冲击中恢复的速度，是一个相对复杂的问题，因为它涉及与修复和重建相关的长期投资。

7. 上下文维度。系统在某个时间点的功能水平必须与能力缺乏时的水平相比较，首先要确定一个参考点或最差的结果。

8. 容量维度。内在韧弹性是指已经具备的处理危机的普通能力。适应性韧弹性是指危急情况下，以独创性或额外努力为来维持功能的能力。

9. 市场维度。这意味着需要考虑建筑和基础设施服务的提供者和消费者，以便对韧弹性进行全面的定义。

10. 成本维度。韧弹性基本上代表了各种行动的利益度量。但是，政策决策中成本因素也不容忽视。

11. 过程维度。韧弹性不仅仅是行动和目标，而且是实现这些目标的关键方式。这涉及发展和应用一套适应性的生产能力。

12. 公平维度。韧弹性应该以公平的方式实施，要敏感地满足社会中处境最不利的群体的需要，谨慎地避免任何群体受到不利影响。

# 第 3 章　路线图要素

本研究的任务书要求委员会基于《2008 NEHRP 战略规划》的战略目标和具体目标制定路线图。此外，任务书还要求估算成本，有些措施的成本可以精准地计算（例如基于先前的详细研究），有些成本则只能粗略地估算。而且，有些措施是可扩展的，也就是说它们可以在不同努力或单元层次上进行。

在工作初始阶段，委员会听取了有关国家地震减灾计划（NEHRP）战略规划的介绍并依据相关文件详细审查了该规划；然后根据委员会成员的集体专业知识并参考团体研讨会的重要意见（见附录 D），考虑了使国家及其社区更具地震韧弹性所需步骤，但没有将其思想限制在“战略规划”的具体细节中。最终，确定了 18 项广泛的、综合性的任务或重点举措作为实现地震韧弹性路线图的要素。这些任务重点关注 20 年内可实现、5 年内可取得实质性进展的具体成果。我们认为这些任务对于实现一个具有更多地震韧弹性社区的国家至关重要。

虽然委员会没有明确批准“战略规划”的要素，但其最终接受并支持了这些要素。通过扩展知识、发展关键技术并将其应用于弱势社区，这些目标的实现有助于解决其减灾问题。而战略目标则确定了实现这些具体目标的逻辑要素。

委员会通过了《2008 NEHRP 战略规划》，明确了执行该规划并实质性提高国家地震韧弹性所需要实施的 18 项具体任务。

确认的任务如下：

1. 地震物理过程
2. 美国国家地震监测台网升级
3. 地震预警
4. 美国国家地震危险性模型
5. 可操作的地震预报
6. 地震场景构建
7. 地震风险评估与应用
8. 震后科学响应与恢复研究
9. 震后信息管理
10. 减灾与恢复的社会经济学研究
11. 社区韧弹性和易损性观测网络
12. 地震破坏和损失的物理模拟
13. 现存建筑物评估与加固技术
14. 基于性能的地震工程
15. 生命线系统地震韧弹性指南
16. 下一代可持续材料、构件和系统
17. 知识、工具和技术转移到公共和私人实践
18. 地震韧弹性社区和区域示范项目

这些任务包含了从知识构建到具体举措实施的内容，大体上贯穿了《2008 NEHRP 战略规划》描述的战略目标和具体目标。表 3.1 表明了战略目标与具体目标之间以及 18 项任务之间的联系，该表全面表现了各个任务之间的逻辑关系。

表 3.1 18 项任务与《2008 NEHRP 战略规划》(NIST，2008) 中 14 个目标的对应关系

| 任务 | 1.进一步认知地震现象和发生过程 | 2.进一步认知地震对建筑环境的影响 | 3.进一步加深对在公共和私人部门实施风险减轻战略有关的社会、行为和经济因素的理解 | 4.改善震后信息获取和管理 | 5.开展地震灾害评估服务于研究和实际应用 | 6.开发先进的损失估算和风险评估工具 | 7.开发提高建筑物及其他结构物抗震性能的工具 | 8.开发提高关键基础设施抗震性能的工具 | 9.提高地震信息产品的准确性、及时性和丰富性 | 10.开展综合的地震风险情景构建和风险评估 | 11.制定地震标准和建筑规范并倡导采用和强制实施 | 12.促进地震韧弹性措施应用于专业实践和公私政策 | 13.增强地震危害和风险的公众意识 | 14.发展地震安全领域的国家人力资源基础 |
|---|---|---|---|---|---|---|---|---|---|---|---|---|---|---|
| | A.提高对地震过程和影响的认识 | | | | B.制定节约成本的措施以减少影响 | | | | C.提高社区韧弹性 | | | | | |
| 1.地震物理过程 | √ | √ | | √ | √ | | | | √ | √ | | | | |
| 2.美国国家地震监测台网升级 | √ | √ | | √ | √ | | | | √ | | | | | √ |
| 3.地震预警 | √ | √ | | √ | | | | | √ | √ | | √ | √ | √ |
| 4.美国国家地震危险性模型 | | | | | √ | √ | | | √ | √ | | | √ | √ |
| 5.可操作的地震预报 | | | | √ | √ | | | | √ | | | | √ | √ |

续表

| | | | | | | | | | | | | | | |
|---|---|---|---|---|---|---|---|---|---|---|---|---|---|---|
| 6.地震场景构建 | | | | | | | | | | √ | √ | √ | √ | |
| 7.地震风险评估与应用 | | | | | | √ | | | √ | √ | √ | √ | √ | √ |
| 8.震后科学响应与恢复研究 | | | √ | √ | √ | | | √ | √ | | √ | | √ | √ |
| 9.震后信息管理 | | √ | √ | √ | | √ | √ | √ | √ | √ | √ | | | √ |
| 10.减灾与恢复的社会经济学研究 | | √ | √ | √ | √ | √ | | | √ | √ | √ | √ | √ | √ |
| 11.社区韧弹性与易损性观测网 | | √ | √ | √ | | | | | | | | | √ | √ |
| 12.地震破坏与损失的物理模拟 | √ | √ | | | √ | √ | √ | √ | | √ | | | | √ |
| 13.现存建筑物评估与加固技术 | | √ | | | | | √ | | | √ | | | | √ |
| 14.基于性能的地震工程 | √ | √ | √ | | | √ | | | | √ | √ | | √ | √ |
| 15.生命线系统地震韧弹性指南 | | √ | | √ | | √ | | √ | √ | √ | | √ | | √ |
| 16.下一代可持续材料、构件和系统 | | | | | | | √ | √ | | | | | | √ |
| 17.知识、工具和技术转移到公共和私人实践 | | | | | | | | | | | | √ | √ | |
| 18. 地震韧弹性社区和区域示范项目 | | √ | √ | | √ | | | | √ | √ | √ | √ | √ | √ |

18 项任务分别都被描述为如下的子标题：建议措施，现有知识和当前能力，启用条件和实施问题。

## 3.1 任务1：地震物理过程

《2008 NEHRP 战略规划》的目标 A 是“提高对地震过程及影响的认识”。地震过程是难以观测的；它们涉及到活动断层系统的复杂的、多尺度的物质和能量的相互作用，而这些断层又处于不透明的固体地球内部。这些过程也是很难预测的。在任何特定区域，地震活动可以静止数百年甚至数千年，然后突然爆发为巨大能量的、无序的级联效应，肆虐着自然环境和建筑物。面对这种复杂性，对地震过程和影响的基础物理学研究是获得新知识的最佳策略，进而用来降低风险和建立韧弹性（NRC，2003）。

该研究动机明确。地震过程涉及到岩石破裂的极端条件下物质和能量如何相互作用的特殊物理现象。没有一个理论能充分地描述动态破裂和地震能量产生的基本特征，也没有理论能充分解释断层内动力学相互作用。大地震的发震时间、地点和震级不能被可靠地预测，即便在我们知道大地震最终会发生的地区，其影响也是难以预料的。例如，大家都认为圣安德烈斯断层最南段的地震危险性是很高的，但该区域已经超过 300 年没有发生大地震，该时间要比此断层典型地震间隔期要长得多。基于物理学的数值模拟表明，如果圣安德烈斯断层从东南向西北方向的洛杉矶断裂，城市中的地震动将会更大，持续时间更长，并且破坏程度将比断裂向另一个方向传播要大得多（见图 3.1）。地震学家目前还不能预测断层最终将以何种方式破裂，但依据可靠的理论表明，如果能更好地理解破裂过程，这样的预测是可能的。显然，地震物理基础研究将不断扩展对地震危害的认知。

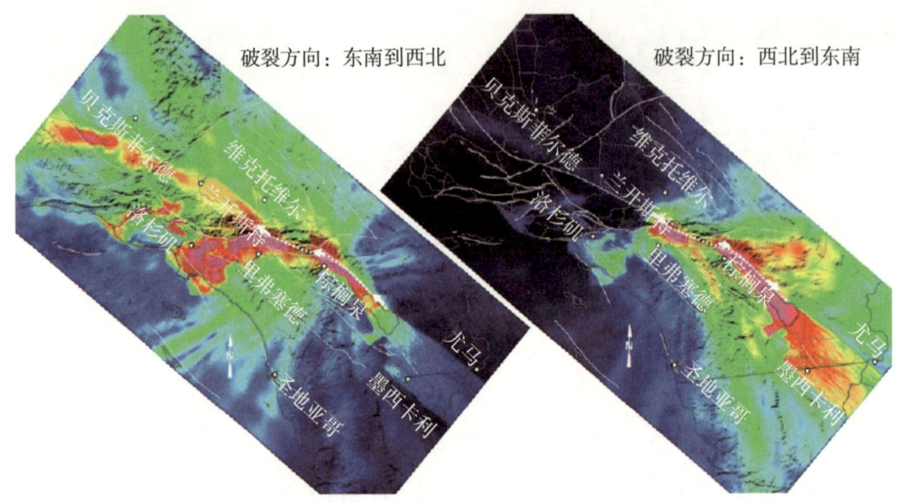


图3.1　南加州圣安德烈斯断层南部发生M7.7地震的地震动预测图；紫色到红色表示震动高值区，蓝色到黑色表示震动低值区。左图显示断层从东南端开始向西北方向破裂，右图显示断层从西北端开始向东南方向破裂。左图的预测显示洛杉矶地区地震动更为激烈、持续时间更长。资料来源：K. Olsen, T.H. Jordan。

### 3.1.1　建议措施

为进一步推进国家地震减灾计划的目标 A、提高地震科学的预测能力，美国国家科学基金会（NSF）和美国地质调查局（USGS）应加大目前关于地震物理过程研究项目的支持力度。支持这一领域的研究将“提高对地震现象和发生过程的认识”，这也是《2008 NEHRP 战略规划》的战略目标之一。存在的主要问题可归结为以下四大研究方向：

断层系统动力学：构造力如何在复杂的断层中长期演化，进而产生地震序列。目前我们对驱动地震的构造力仍然不甚了解。构造力不能直接观测，并且受到发震的上地壳未知各向异性及慢滑移的影响。慢滑移研究发现了一些有趣的新现象，例如无震瞬变的“静地震”以及近来发现的阶段性震颤和滑动。目前还不清楚这些慢滑移现象与地震周期是如何耦合的；更好地了解这些可能会提供新类型的数据，进而改善依赖于时间的地震预测。主要问题是大地震的分布如何依赖于断层系统的几何复杂性，如断层的弯曲、跨越、分叉及交叉。大部分情况下，断层分段性和其他几何不规则性似乎控制断层破裂的长度（也就是地震震级），而大的破裂常常穿过断层边界并且分支扩张到附属断层。例如，发生在阿拉斯加的 Denali 7.9 级地震，其初始破裂位于 Susitna Glacier 逆冲断层，然后破裂分支到 Denali 断层主段，再后破裂又分支到附属的 Totschunda 断层。关键目标是建立脆性断层系统的数值模型，该模型可以模拟多种应力积累和断层破裂循环中的地震，用以约束时间依赖预报中使用的地震概率方法（见任务 5）。图 3.2 示例了利用该“地震模拟器”模拟的圣安德烈斯断层上的地震序列。

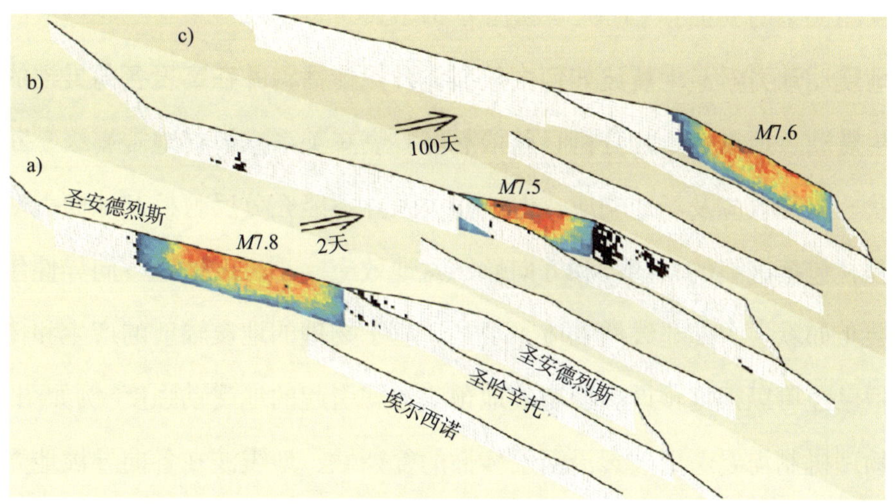


图3.2 地震模拟器结果示例：圣安德烈斯断层南部4个月期间的大地震序列。7.8级和7.5级地震之间的2天间隔内有72次余震发生，在7.6级地震之前的100天间隔内有183次余震发生。图示的是较长期限模拟(包括227个7级以上地震)的部分结果，其中，137次地震事件间隔至少4年，是孤立发生的；34次地震事件是成对发生的；有5次地震事件是三个一组出现的，比如该图所示结果。资料来源：J. Dieterich

地震破裂动力学：地震过程中作用力如何引起断层破裂并产生地震波。断层破裂的成核、传播和阻滞取决于接触和参与破坏的岩石的应力响应。在该体系中，岩石的响应是高度非线性的，其强烈依赖于温度，并且对诸如水等微小组分非常敏感。关键是要理解断层的微观过程如何对其破裂的动力学进行弱控制。断层是否因其组分和孔隙压力增高而静态弱化，或在破裂过程中由于动态弱化而导致静态强化但又存在低平均剪应力下的滑动？许多潜在的弱化机制已经被确定——孔隙流体的热加压、热分解、粗糙接触面的急剧生热、部分熔融、弹性流体动力学润滑、硅胶的形成和由双材料效应引起的法向应力变化，但是对这些过程的物理机制及其相互作用仍然知之甚少。理解这些需要综合理想的实验、断层的野外探测以及数值模型，包括破裂如何沿着存在破坏区分布及非断层塑性变形等几何形态复杂的断层进行传播的研究。这就需要优先进行对地震动预测模型的验证 ( 见任务 4 和任务 5)。

地震动动力学：地震波如何由破裂体开始传播，并在高度各向异性的地壳内产生震动。地震危险性分析目前依靠经验衰减关系来解释地震震级、断层几何形状、路径效应及场地响应。但这些关系并不能充分反映控制地面震动的物理过程，包括破裂的复杂性和方向性、盆地效应、小尺度地壳各向异性作用以及表层（如软土）的非线性响应。现在，基于物理的地震辐射的产生和传播数值模拟已经可以根据预设震源有效地预测地震引起的地震动强度( 例如图 3.1 )。相关物理机制需要考虑破裂沿断层传播的复杂性、地震波在各向异性地壳中的传播情况、表层岩石和土壤及其附属的建筑物的响应。关键是要将这些物理过程的数值模型与地震模拟有机结合起来（见任务 12 )。

地震可预报性：未来地震发生的可能程度可以由地震系统的观测反应来

确定。由于地震不能被确切地预测，因此需要根据空间、时间和震级来对震源进行概率（统计学）表征（Jordan 等，2009）。长期地震预测是地震危险性分析的基础。目前的地震预测是与时间无关的，例如在国家地震危险性区划图（Frankel 等，1996，2002；Petersen 等，2008）中使用的三次迭代方法，它们假设地震随机发生并且与历史地震活动性无关。通常认为这个假设是错误的——几乎所有的大地震都伴随许多余震，其中一些余震可能会造成破坏，且经常成群发生。例如，美国中部历史记录的三次最大地震（震级都不小于 7.5 级）有两次发生在新马德里地区，一次发生在 1811 年 12 月中旬，另一次发生在 1812 年 2 月中旬，两次大地震仅仅相隔 2 个月。

加州已经利用应力更新模型建立了考虑历史地震的时间依赖性预报方法（参见任务 5 下的图 3.10）。然而根据这些长期模型，主断层上的大地震降低了该断层之后地震发生的概率，因此它们不能充分反映地震序列发生概率的增加，比如新马德里地区连续发生的两次大震或图 3.2 所示的假想地震序列。研究地震可预测性的目的是建立一套全方位时间尺度的地震概率模型，包括长期模型（几个世纪到几十年）、中期模型（几年到几个月）和短期模型（几周到几小时）。要将长期应力更新模型（如统一加利福尼亚地震破裂预测模型第二版（UCERF2），见任务 5）与基于触发和丛集统计的短期模型（如美国地质调查局的加州短期地震概率预测模型（STEP）[1]，（Gerstenberger 等，2007），见图 3.11）有机联系起来，则需要更好地理解地震概率是如何依赖于永久性断层滑动引起的准静态应力传递、地壳与地幔相关松弛以及地震波传播引起的动态应力触发的。

[1] 参见 earthquake.usgs.gov/earthquakes/step.

地震预报、地震危险性表征和震后信息传播等方面的许多潜在突破点，将取决于利用地震物理学进行预测的能力。

◉ 基于物理的地震模拟可以用来改善震后信息的快速传输、助力应急管理和提供地震预警新技术（任务 3）。

◉ 地震动力学可以用来将长期地震危险性分析转化为基于物理学的科学，以更好的准确性和空间分辨率表征地震危险性和风险性（任务 4）。

◉ 对地震可预报性的研究可以形成更好的地震预报模型，可以减少公众在地震中的生命财产损失，为潜在的破坏性地震做好准备（任务 5）。

总之，任务 3、任务 4 和任务 5 的技术可以提供即时信息，以提高国家在地震级联各个阶段的韧弹性（见图 3.3）。

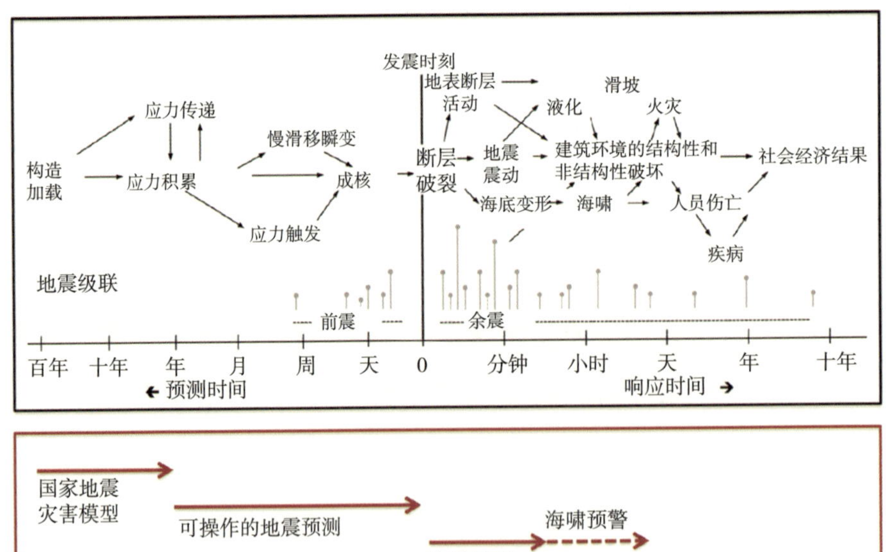


图3.3 四种可提高地震韧弹性技术的时间域（见任务3、4、5、8）与地震级联对照图。这些技术的实施和改进需要更好地了解地震物理学。资料来源：南加州地震中心

地震物理学的研究也直接有助于国家地震减灾计划的另外四个目标。更好的地震破裂和地震波传播的动力学模型可以促进地震对建筑环境影响的理解（目标 2）。更好地理解地震可预报性，有助于改进科学研究和实际应用中评估地震灾害所需的预测模型（目标 5）。能够实时跟踪地震级联的物理模型可以用来提高地震信息产品的准确性，及时性和丰富性（目标 9）。更精确的地震模拟可以为开发综合性地震风险设定和风险评估提供物理基础（目标 10）。

### 3.1.2 现有知识和当前能力

自 1977 年成立以来，国家地震减灾计划一直致力于有关地震危险性和风险性新知识的获取与应用，有效的降低了地震风险、提高了地震响应速度。相关地震过程研究的进展已在《2008 NEHRP 战略规划》（见第 1 章和附录 A）以及《2003 EERI 报告》（见附录 B）中作为亮点显示。美国国家研究委员会（2003）的报告“生活在活跃的地球上：以地震科学视角”为国家地震减灾计划提供了关于地震科学研究方法及其发展方向的借鉴。

与许多其他复杂的自然科学研究一样，地震科学仍处于探索和发现的初级阶段。最近，相关研究主要集中在两个科学问题上：（a）地震的复杂性及其如何由岩石圈对深部作用力的脆性响应而激发；（b）地震预报及其区域性差异。第一个问题的研究始于全球地震发生的不均匀性，促成了板块构造理论的发现；而第二个问题则着眼于地震工程的需求，促进了地震危险性分析的不断发展。由于地震发生、断层破裂及强地震动的动力学模型的持续发展，两个科学问题的历史分歧在逐渐缩小。这些研究将相关领域从无序的学科活动转变为更加协调的“地震系统科学”，它不仅从个体事件的角度来描述地震活动性，也考虑了多断层间动态交互作用的演化过程。经过系统的研究发现，地震是由从断层内部微观（微秒级的微凸体摩擦接触）到外部宏观（数千年上百公里的区域构造加载和松弛）的多尺度相互作用而产生的突发现象。

震后多学科交叉研究可取更多有意义的结果，这也表明了观测数据的标准化和野外地质工作的重要性。新的观测技术和计算技术的应用将使相关研究加速发展。例如：现今的地下成像技术能够以高分辨率来刻画断层系统的深部结构以及与地震波传播有关的三维地球结构；在美国西部相关地区，经充分研究表明，新构造运动的研究改善了对断层几何形状和长期滑动速率的约束，古地震学丰富了历史地震纪录（McCalpin，2009），为大震集群事件提供证据；GPS 和 InSAR 观测技术以空前的高分辨率反映出地震相关的地壳形变、长期构造加载以及周边断层之间应力的相互作用；宽频带地震仪观测网能够可靠地记录所有频段的地震动（见图 3.4 下的任务 2）；高性能计算机和通信设备可使科研人员实时处理海量观测数据，并通过数值模拟来量化地震物理过程。新技术的应用使得新现象陆续被发现，例如慢滑移瞬变现象，其传播速度系统性地低于一般断层破裂。

联合地质记录、地震观测数据和大地测量监测数据，可以在数十年至数百年的时间尺度上预报大地震（见任务 5 中的图 3.10）。地震科研人员已经初步了解地质复杂性如何控制大震地震动强度（见图 3.1），与工程人员合作将特定区域的建筑物、生命线和关键设施对地震响应进行了初步预测，并以地震危险区划图的形式量化给出潜在破坏性地震动的长期预期，该区划图显示了美国各地预期的最大震动强度估值（参见任务 4 中的图 3.8）。一旦发生大地震，自动化系统可以快速准确地计算震源位置、断层方位角及其他震源参数；可以近实时地广播所预测的强地震动影响范围，这有助于预估灾害损失和指导应急响应（如图 3.1）；海底地震震后海啸的预测可以对沿海公众预警，使其有足够时间进行疏散与撤离。以上所有的进展都得益于国家地震减灾计划资助的地震物理学研究。

### 3.1.3 启动条件

地震过程的研究高度依赖于观测数据，迫切需要地震观测数据的持续丰富与提高，特别是基于遥感数据的形变和地震活动性观测以及断层破裂过程的现场研究。地震学、构造大地测量学及地震地质学为相关研究提供了重要的观测资料。当前,美国国家研究委员会(2003)提出的总体目标尚未实现,它们包括:

美国国家地震监测台网：能够高度可靠地记录所有大于 3 级的地震全频段信号，并保证具有足够的观测密度用以确定相应的震源参数，特别是在地震高危险区，其区域监测网应该具有监测 1.5 级以上地震的能力。为实现上述能力，目前美国国家地震监测台网计划（参见任务 2）正在全面实施中。

大地测量观测新技术：现阶段大地测量观测具有很高的空间和时间分辨率，可用于监测活动断层系统的所有重要地壳形变及运动，包括无震事件以及大地震震前、同震、震后的瞬态形变。自 2005 年以来，美国国家科学基金委地球透镜计划（EarthScope，2007）中的板块边界观测计划（PBO）部署了非常密集的 GPS 和应变仪监测网，这些新观测数据在地震相关研究中起到了非常重要的作用；InSAR 差分空间成像技术已经证明了其对断层变形研究的巨大潜力（Helz，2005; Pritchard，2006）。由于地球透镜计划（NRC，2001）制定时，美国尚未发射 InSAR 卫星，所以研究人员只能依靠欧洲和日本的卫星数据来进行地壳形变的研究（Williams 等，2010）。这无形中提高了 NASA 的 DESDynI（Deformation, Ecosystems Structure, and Dynamics of Ice）卫星计划的重要性和迫切性，该卫星计划于 2018 年[2]发射，可为灾害和全球环境变化研究提供专业的 InSAR 平台。

野外地质考察计划：包括活动断层的定位、断层滑动速率的量化及地震周期断层破裂历史的确定。激光探测和测距（LiDAR）技术能够对断层导致的地貌进行高分辨率地形成像。例如，根据 LiDAR 的最新结果显示，1857 年发生的 Fort Tejon 7.9 级地震导致的圣安德烈斯断层 Carrizo 断面滑动量要比以往研究给出的结果小 40%，这意味着该断层发生新的大震的中期概率将会增大（Zielke 等，2010）。但是，LiDAR 数据的观测时间尺度较短且目前只覆盖了几个主要的断层。虽然在新构造运动时间尺度上进行岩石年代测定的方法在过去十年里已经有了很大的改进，但其仍然不能很好的约束美国许多已知活断层的地质滑动速率。此外，目前只对少数断层的多个地震周期的破裂滑动历史做了古地震学研究。

大地震的罕见性导致其强震动数据的稀少性。能被较好数值模拟的大震震例和地震活跃区是基础地震科学研究的重要基础，因为它们可为地震行为的假设与有限观测提供定量比较的基础。地震模拟在我们对区域地震危险和风险的理解中扮演着越来越重要的角色。地震科学基础研究和应用的趋同性与气候研究的情况相似，在气候研究中通常使用全球循环模式来预测人为性全球变化的危害和风险。要充分实现科学转化并将其付诸实践，需要强大的计算能力。地震是最复杂的地球物理现象之一，而地震动力学的建模是地震科学中最困难的

[2] 参见 eospso.gsfc.nasa.gov/eos_homepage/mission_profiles/show_mission.php?id=75.

计算问题之一。总的来说，地震科学要研究的主要问题包括构造断层的加载和最终破裂、地震波的产生和传播、地表的场地响应及其在地震危险中的应用——地震对建筑环境造成的破坏（见任务 12）。这些链式物理过程涉及各种各样的高度非线性和多尺度性的相互作用。例如，长期断层动力学过程通过非线性脆性和韧性形变与短期破裂动力学过程相耦合，这就要求地震模拟器能够包含该时间尺度范围（见图 3.2）。

基于物理的地震动预测数值模拟需要估计断层系统的三维结构以及构造块体的物理属性——地震波速度、衰减参数和密度分布。这些结构是相互影响的，其物理属性往往受控于断层的位移。因此，发展统一的断层结构表征需要地质学家和地震学家进行跨学科合作。

地震科学的关键研究问题是真正的系统性问题：需要跨学科理解多个断层系统组件相互之间的非线性作用，而这些组件本身往往又是复杂的子系统。由于每个断层系统的行为取决于其结构，所以地震研究必须在系统特定的背景下进行（例如 Cascadia 俯冲带或 San Andreas 走滑断层系统）。因此，地震过程的整体理解需要综合不同地区所获得的认识。国际合作可以汇集世界各地多个断层系统的相关数据，进而促进地震过程的整体理解。

### 3.1.4 实施问题

美国国家科学基金会和美国地质调查局在地震物理学方面较好地开展了一些研究项目，并按照这里所提的路线强化了这些项目，没有遇到什么重大实施问题。即便如此，这些机构也要更紧密地合作完成以下综合协作，包括：①跨学科和研究机构的协调工作；②高性能计算和先进信息技术的利用；③新的理论和数据向系统模型的同化；④与地震工程和风险管理机构合作为社会提供实用知识。此外，还有一个实施问题是对重要地震信息的需求，这些信息只能由任务 2 涉及的监测系统提供。

## 3.2 任务2：美国国家地震监测台网升级

地震监测对于满足国家对及时准确的地震、海啸和火山爆发等灾害信息的需求至关重要，这些信息可以确定灾害的位置和大小，并估计它们的潜在影响。这些信息不仅能够指导灾害响应工作，也为地震成因和影响的研究提供了基础。美国国家地震监测台网是由美国地质调查局提出的用于整体提高美国地震监测和报告能力的系统，该系统是通过对国家、地方和区域的地震观测网络的整合和现代化以及将地震数据与现代地震信息中心相结合等方式来实现的。从 2000 年开始，美国国家地震监测台网逐步实现能力扩展，形成了由 7,100 个传感器组成的国家集成系统，可向国家和区域数据中心提供相关数据。美国国家地震监测台网可向应急响应部门提供地震动分布和强度实时信息，以便相关部门能快速全面评估地震的影响并加速对受灾最严重地区的救援行动；可为工程师和设计师提供其所需信息，以改善建筑设计标准和工程实践，减轻地震的影响；也可为科学家提供高质量的数据，以便了解地震过程及固体地球的结构和动力学过程。美国国家研究委员会（2006b；p.8）在分析了地震监测的经济效益后得出以下结论：

美国国家地震监测台网的全面部署具有显著减少地震损失及其影响的潜力，可为土地利用规划、建筑设计、保险、预警以及应急准备和响应提供重要信息。根据委员会的估计，其潜在效益远远超过建设成本，例如地震造成的建筑物及其相关的损失每年约为 56 亿美元，而改进地震监测每年所需成本约为 9600 万美元，仅相当于不到 2% 的地震损失；基于地震信息的改进及其不确定性的减少，实施减灾措施的收益将几倍于提高地震监测的成本。

### 3.2.1　建议措施

2000—2008 年期间，美国国家地震监测台网部署率相对较低，但被纳入美国复苏与再投资法案（ARRA）经济刺激计划之后，投资大幅增加。预计到 2011 年底，美国国家地震监测台网将完成约 25% 的部署工作（见图 3.4）。届时，美国国家地震监测台网将包括 1500 多个现代数字地震台站、升级的区域地震台网以及 7×24 小时运行的国家地震信息中心，可向国家和地方官员、救生设施运营商、美国联邦紧急事务管理署及其他关键用户传输信息。

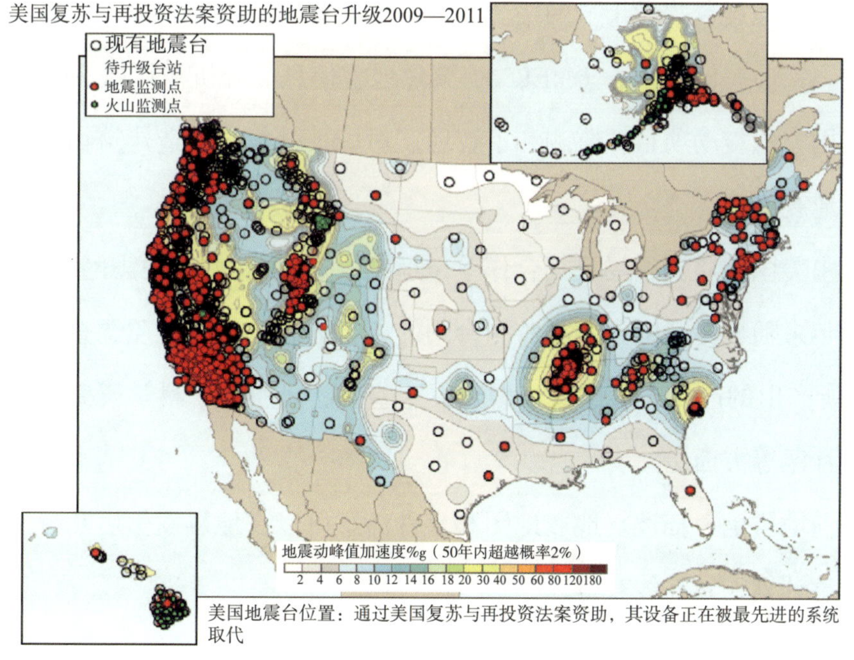


图3.4　ANSS网络现有及2011年底前投入使用的现代化地震监测站。
资料来源：由美国地质调查局地震灾害计划提供

其余 75% 的部署工作是实现国家地震韧弹性的关键，其工作内容在本章多个任务中有所体现，因为实现这些任务的设定目标需要美国国家地震监测台网的全面部署。此外，美国国家地震监测台网需要扩展建筑物监测仪器部分，以便提供普通建筑物对地震动响应的重要信息。

### 3.2.2 现有知识和当前能力

通过广泛的协商与咨询，美国国家地震监测台网计划制订了全面的基础设施要素描述和详细的部署战略（USGS，1999）。该计划已通过美国地质调查局拨款程序的批准，资金问题是其全面部署实施的唯一障碍。基于已经部署的部分，美国国家地震监测台网的技术和科学知识库得到了充分开发和测试。

作为监测方案的一部分，美国国家地震监测台网包括：

◉ 国家地震台“骨干”网络。

◉ 国家地震信息中心（NEIC），聚焦地震信息的分析与传播。

◉ 国家强震动项目，监测和了解地震对城镇密集区人造建筑物的影响，提高公众地震安全。

◉ 由美国地质调查局及其合作单位运维的 15 个区域性地震网络。

近年来随着美国国家地震监测台网的逐步部署，美国地质调查局地震灾害计划[3]所产出的产品丰富性稳步增长，这些产品可服务于科学研究、应急管理和基层社区等方面：

当前地震信息描述。地震地图和事件信息可以在地震发生后几分钟内通过地震灾害计划网站在线获得。

---

[3] 见 earthquake.usgs.gov/earthquakes/

“你感觉到了吗？”地图和报告。以社区网络强度图（CIIM）的形式分析网络用户问题反馈，并汇总社区震动报告。

地震动图。近实时提供大震的地震动和震动烈度图，以供联邦、州和地方的公共和私人组织用于震后响应和恢复、公共和科学信息以及灾害应急演练和防灾规划。

地震动广播。生命线设施等的关键用户可在震后几分钟内自动收到通知，了解地震动强度及对其设施可能的影响。

地震危险性区划图。国家地震危险性区划图给出美国各地多种概率水平的地震动强度，可供建筑抗震规范、保险费率结构设置、风险评估和其他公共政策使用（见任务 4）。

PAGER 地震通知。通过电子邮件、寻呼机或手机自动发送地震通知。向应急人员提供快速的、持续更新的信息，为媒体和地方政府提供第一手资料。

各州还可以提供丰富的附加数据和资源，例如，地震危险性、历史地震活动及断层等信息；可在线查询的地震目录及数据下载；根据地震期间所有监测结构的仪器记录生成的快视动画、实时波形和频谱图。

## 3.2.3 启动条件

为充分发挥其功能，美国国家地震监测台网还需要以下组成部分：

结构监测。美国国家地震监测台网需要在地震高风险区的建筑、桥梁和其他结构上安装大量仪器，而这正是该系统最薄弱的部分。美国国家地震监测台网需要 9000 个数据通道，目前安装的仪器还不到 1000 个通道。

城市监测的扩展。美国复苏与再投资法案基金的目标是现有地震台站的现代化，不涉及观测网的扩展。故为满足美国国家地震监测台网的需求，还需在具有最高地震风险性的城市地区增加 1700 个站点。

数据管理。目前大部分的台网数据由美国国家科学基金会资助的地震学联合研究会（IRIS）数据管理系统来管理。当台网全面实施时，美国地质调查局将承担数据管理任务并为其开发数据及产品的无缝访问接口。

### 3.2.4 实施问题

美国国家地震监测台网的全面实施没有技术方面的问题，只需要持续的资金投入。

## 3.3 任务3：地震预警

美国国家地震监测台网全面实施后，将为地震预警（EEW）系统发展提供必要的基础。基于观测网的地震预警的目标是在断层破裂的早期阶段探测地震，快速预测未来地震动的强度，并在人们经历可能造成破坏的剧烈震动之前发出预警。破坏性最大的震动通常由地震剪切波和面波引起，其波速仅为地震最大波速的一半且比预警电讯传播速度慢得多。地震预警系统可以检测震中的强震动，并在破坏性地震波到达之前发送警报。

提前预警的时间长短主要取决于用户和震中之间的距离。在震中附近存在一个“盲区”，不能进行预警，但在距离震中较远的地方，可在强震动发生前大约 1 分钟发出预警（见图 3.5）。这些预警信息可以减小地震对人员和基础设施造成的损失。对人员而言，地震预警可提醒大家“蹲下、遮挡和抓牢”，转移到更安全的地方或以其他方式应对地震（例如手术室中的外科医生）；对多

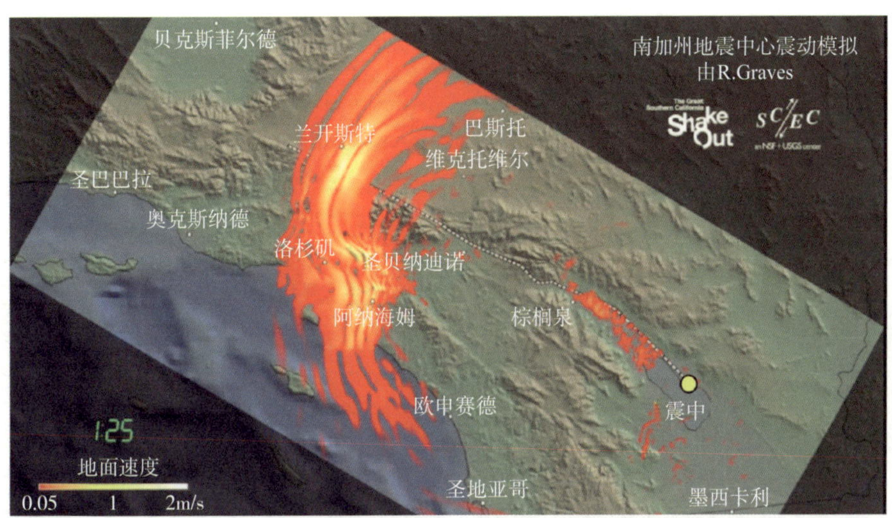


图3.5 模拟的圣安德烈斯断层南部（白虚线）7.8级地震所产生的地震波，震中位于断层东南端（黄点）。该图显示了发震85秒后面波通过洛杉矶市中心的情形。在此情况下，沿南圣安德烈斯断层部署EEW系统可提前一分钟为洛杉矶城区提供预警。该地震模拟示例可用来说明2008年大南加州震动的危险性。 来源：R. Graves，G. Ely和T.H. Jordan

种公共设施而言，地震预警可以助其实现必要的自动操作：就近停靠电梯，打开消防通道，减速行驶车辆和高铁以避免事故，关闭输油管道和燃气管道以尽量减少火灾，停止生产操作以减少设备损坏，保存重要资料以避免电脑数据丢失，通过主动和半主动系统控制建筑物结构以减少其损坏。

目前至少有 5 个国家和地区部署了地震预警系统，它们是日本、墨西哥、罗马尼亚、台湾地区和土耳其。其中，日本是唯一一个在全国范围内提供公共预警的国家。日本气象厅利用全国约 1000 个台站的地震台网探测地震和发出预警，预警信息通过互联网、卫星和无线网络传送给手机用户、台式计算机和火车运行自动化控制系统，将敏感设备置于安全模式，并在公众躲避时隔离危险（见图 3.6）。此外，墨西哥城和伊斯坦布尔也有类似的公共预警系统。

图3.6 收到地震预警后的行动指南宣传册。资料来源：日本气象厅。
网址：www.jma.go.jp/jma/en/Activities/EEWLeaflet.pdf

### 3.3.1 建议措施

作为美国国家地震监测台网的任务之一（USGS，1999），地震预警将会成为美国国家地震监测台网实施后的重要成果。《2008 NEHRP 战略规划》建议将地震预警系统的评估和测试作为目标 9 的一部分，用以“提高地震信息产品的准确性、及时性和丰富性”。目前美国加州正在进行一些地震预警的相关研究，例如，美国地质调查局赞助的示范项目正在使用来自加州综合地震台网（CISN）的实时数据测试几种地震预警算法；美国复苏与再投资法案（ARRA）资金正用来升级整个 CISN 的老式地震仪器，并减少数据收集和预警播报的时间延迟。相关措施完成后，将形成 CISN ShakeAlert 系统，并为小范围的测试用户（包含应急响应、公共事务和交通运输等部门）提供预警信息（USGS，2009）。如果测试良好，则应优先考虑开发和部署基于美国国家地震监测台网运行的地震预警系统，以便通过多种媒体发布公共预警信息。地震预警系统首次全面运作部署最合适的地点是圣安德烈斯断层系统，因为该断层地震风险水平高，且可提前长达 1 分钟发出地震预警信息（如图 3.5）。如果资金充足，应尽可能在 5 年内将 CISN ShakeAlert 系统升级为公共地震预警系统。

美国西北部的卡斯卡迪亚地区也应该开始规划建设地震预警系统。根据相关预测，卡斯卡迪亚俯冲带有可能发生 8 级以上甚至 9 级的近海逆冲型地震。在理想情况下，地震预警系统可以提前 1 分多钟向西雅图和波特兰等城市中心发出预警。例如，2004 年 12 月 26 日发生苏门答腊—安达曼群岛 9.2 级地震的大型逆冲断层的破裂持续时间超过 1200 秒（Shearer 和 Bürgmann，2010）。此外，地震预警系统还可提高美国海洋和大气管理局（NOAA）、美国地质调查局负责运行的海啸预警系统的准确性（NRC，2010）。

地震预警系统还应该具有余震活动期间的增强预警能力，以便指导救援人员在相对安全的情况下进行救援工作。这种能力可以通过现有的城市密集地震监测网或者监测稀疏区域内的余震流动监测网实现。

目前地震预警是基于 CISN 等地震仪监测网的地震探测和预报而实现的。然而，连续记录的 GPS 观测网也可以提供大断层位移的实时信息，这对地震预警具有潜在的应用价值，特别是在类似卡斯卡迪亚这样的俯冲带上（Hammond 等，2010）。这就需要进行相关的研究和开发，以促进 GPS 与地震仪数据的融合。

### 3.3.2 现有知识和当前能力

现有的三种地震预警基本方法是（Allen 等 , 2009）:

现地或单站预警：预测现场记录的 P 波震动峰值。

前方检测：在一个地方检测到强烈的地震动，在地震能量到达之前发送地震预警。

网络预警：使用地震台网来定位和估计断层破裂的大小。

研究表明，密集地震仪阵列在浅震源区附近仅用几秒钟就可由 P 波数据确定地震是否会演变成大地震（震级 > 6）（Allen 和 Kanamori，2003；Lancieril 和 Zollo，2008）。但是，这些测量在超过 7 级地震时是否限幅是一个尚未解决的问题，这与地震可预测性的根本问题有关。

目前至少有五个国家和地区部署了地震预警系统，它们是日本、墨西哥、罗马尼亚、台湾地区和土耳其（见 Allen 等，2009）。其中，日本的地震预警系统是最为发达的。日本铁道公司早在 20 世纪 60 年代就开始使用报警式地震仪，1982 年开始使用前方检测地震预警系统用于必要时关闭新干线列车电源。现地地震预警系统（紧急地震探测和报警系统，UrEDAS）于 1992 年在新干线上开始运行，并在 1995 年神户地震后进一步改善。该系统在 2004 年新潟县中越 6.6 级地震发生时展现了其功能，当时它向新干线列车发出了停车警报，尽管有的火车脱轨，但还是有一辆列车得以安全停靠。日本还开发了基于台网的地震预警技术，用于公共预警（Kamigaichi 等，2009）。日本气象厅（JMA）采用由 1,000 台地震仪器组成的台网来检测地震并预测地震动的强度。该预警信息通过电视和无线电发送，并通过学校、购物中心和火车站的公共广播系统传播出去。即将发生的地震动预警也通过因特网、卫星和无线网络传送给手机用户、台式计算机和自动控制系统，这些自动控制系统可停止列车，将敏感设备置于安全模式，并在公众躲避时隔离危险（图 3.6）。墨西哥、台湾地区、伊斯坦布尔和布加勒斯特都有主动预警系统，可向用户提供地震预警。

目前地震仪的有限带宽和动态范围限制了测量大地震破裂的近场地面位移的准确性，可以使用 GPS 观测网从大地测量技术中获得互补信息。GPS 连续监测站可以提供秒采样的总位移波形，可直接用于估计地震震源参数（Crowell 等，2009）。由于 GPS 采样率低于地震仪且其数据噪声水平较高，因此需要进行地震仪和 GPS 的融合。融合的观测网可为地震预警系统提供更好的性能，其预警性能要优于任何单一仪器测网。

### 3.3.3 启动条件

按照任务 2 的建议，全面实施美国国家地震监测台网将为地震预警系统的开发提供相关平台。如前所述的 CISN ShakeAlert 系统目前已经在开发当中。完全可操作的端到端预警系统的建立需要将可能发生大地震的震中区域（诸如加利福尼亚的圣安德烈斯断层）的地震台网加密，这可以由任务 4 中讨论的地震破裂长期预测指导进行。为减少地震预警自动广播的时间延迟，需要升级当前用于记录、传输和处理地震信号的设备。还需要通过冗余电信路径和增强软件功能来改善 CISN 等美国国家地震监测台网组件的稳健性。

为预测未来的地震动并自动发出预警，用于在断层破裂早期阶段探测地震的算法也需要深入的研究与开发（基本的科学需求见任务 1)。尤其是更好地理解地震破裂物理学，包括控制地震破裂的成核、传播和阻滞的过程；通过调整反映当前地震活动性的先验破裂概率（见任务 5）可提高地震破裂短期预测的有效性，进而提高地震预警算法的有效性，该自动算法必须能够实时地识别和绘制断层 / 多断层破裂源。

地震预警最大的不确定性源于地震动预测方程的不确定性。地震动预测必须要考虑三维地质结构特别是近地表各向异性（如沉积盆地）以及诸如方向性和滑动复杂性等的破裂传播效应。而基于物理学的强地震动数值模拟有可能大大改善这些预测的准确性（见任务 1 和 12）。

地震预警算法必须通过大量的现场测试进行验证和确认，例如加州目前正在进行的相关测试。这种测试需要评估地震动预测的质量和一致性，以及潜在用户的成本和收益。由于后者的原因，地震预警系统的设计、操作和测试必须要涉及到终端用户。

### 3.3.4 实施问题

私营服务供应商需要适应预警信息在自动控制和响应系统中的应用。在日本，私人供应商可提供各种各样的服务，这些服务范围包括从将 JMA 信息简单转化为预测的特定地点的震动强度和预警时间，到结合当地地震仪提供额外的现场预警的复杂系统。工程和建筑公司也正在使用预警系统来提高地震期间的建筑性能，并保护建筑工人。有效的公私合作伙伴关系对发展“预警用户最佳实践”是必要的。

尽管有关地震预警的社会科学背景的研究较为有限（例如 Bourque，2001；Tierney，2001），但地震预警的实施需要更深入的相关研究来确定与公众互动的最佳方式，并广泛开展关于地震预警可用性和使用情况的公众教育活动。对于这方面的研究，日本的现有经验（例如图 3.6）是值得借鉴的。

## 3.4 任务4：美国国家地震危险性模型

美国地质调查局（USGS）制作的“国家地震危险区划图”是美国地震动危险性的权威参考资料。这些地图是国家地震减灾计划“推荐指定”的地震概率部分的基础，是典型建筑规范的重要参考，可用于抗震加固指南、地震保险、土地利用规划及公路桥梁、大坝和垃圾填埋场的设计；也可用于全国范围内的地震风险和损失评估，以及为规划和应急准备制定可靠的地震场景构建。

### 3.4.1 建议措施

在地方和国家层面，地震危险区划图的改进可以降低地震概率和地震动值的不确定性，为工程和政策决策提供更加科学可靠的依据。地震危险区划图直接受益于任务 1、2 和 3 中所述的相关地震科学的进步。国家地震减灾计划研究人员与用户之间的持续互动也将有助于识别对社区有价值的地震灾害和风险信息新产品。

◉ 国家地震危险区划图的持续改进。下一代国家地震危险区划图的三个重点领域是:（a）利用现场调查和地震监测对可能发生6.5级至7级地震的断层（B类断层）表征的改进；（b）美国东部和中部改进的地震动衰减模型的发展以及（c）地震动数值模拟的发展和改进。

◉ 为城市地区制定地震危险区划图。扩展“城市地震危险图”计划，其目标是在未来20年内将所有美国主要的城市地区划分地震风险等级，给出强地震动的地理分布、场地地质条件和潜在的地面破坏（断层破裂，滑坡和液化）等详细阐述。这些细节内容是任务6和7中涉及的地震风险应用以及任务13、14和15中涉及的建筑和生命线指南的重要组成部分。开发城市地震危险图需要国家和地方机构、大学和国家地震减灾计划机构之间的合作。将详细区域危险性信息与国家级工程设计指南（由国家地震危险区划图提供）结合，需要国家地震减灾计划以及相关标准和规范制定机构合作进行。例如，第二章提到的加州旧金山和印第安纳州埃文斯维尔的例子就描述了如何建立这种伙伴关系，为以后相关合作提供了宝贵的案例。

### 3.4.2 现有知识和当前能力

必须将对地震、活动断层、地壳形变和地震波产生/传播的现有认识进行整合并转化为其他人可以应用的形式，才能有效地减少地震造成的损失。而美国地质调查局制作的国家地震危险区划图和相关产品完成了这一重要的信息转化。

#### 地震危险区划图

在过去的60年里，国家地震危险区划图逐步从一系列不同地区的修正麦加利烈度表（地震动的定性度量，分为无感、微感、中等和强烈四个破坏等级）（见图 3.7；Roberts 和 Ulrich，1950；Algermissen，1969），发展到目前一系列的美国地质调查局地图，这些地图可提供基于地震工程的相关参数，如谱加速度（Sa，分为 0.1、0.2、0.3、0.5 和 1.0 秒等多个周期）以及全国分布的约 150,000 个点的地震动峰值加速度（PGA）（见图 3.8）。目前的美国地质调查局地震危险区划图是综合现代概率方法论、ANSS 地震监测以及国家地震减灾计划最新研究成果而制定的，可从长期地质视角给出地震活动性（Crone 和 Wheeler，2000）。这些地图基于科学合理的、可重复的流程制定，该流程涉及了地区和国家层面的专家和用户群体的参与及同行评议（Petersen 等，2008）。

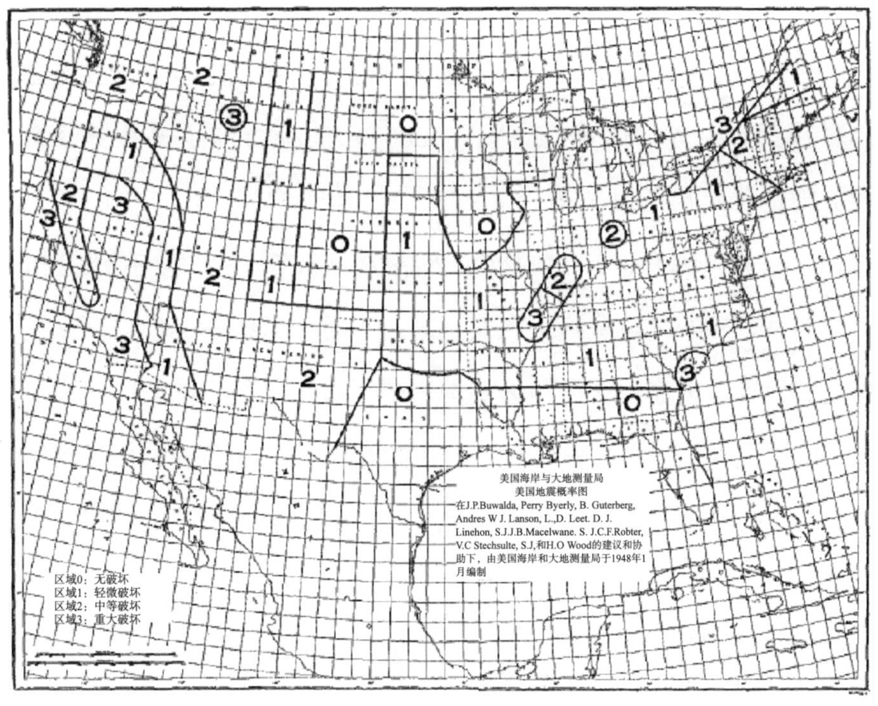


图3.7　1950年美国地震概率图。资料来源：Roberts and Ulrich（1950）。©美国地震学会

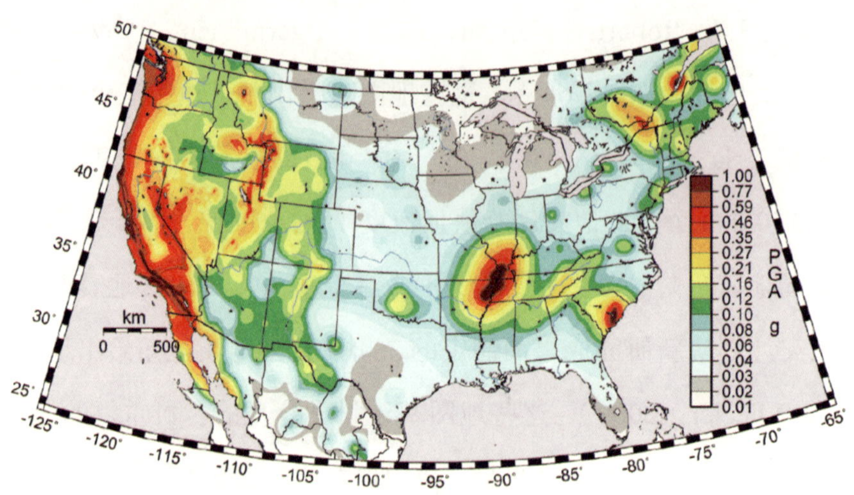


图3.8 美国国家地震危险区划图：地震动峰值加速度（PGA），50年内超越概率为2%（或重现期为2475年）。资料来源：美国地质调查局（2008）

美国地质调查局制作的国家地震危险区划图是国家地震减灾计划“推荐指定”的地震概率部分的基础，是典型建筑规范（由建筑地震安全委员会制定并由美国联邦紧急事务管理署（FEMA，2009b）出版）的重要参考资料。这些设计图被国际建筑规范以及诸如ASCE—7“建筑物和其他结构的最小设计荷载”、ASCE—31“现有建筑物的抗震评估”、ASCE—41“现有建筑物的抗震加固”、NFPA—5000“建筑施工和安全规范”等国家统一标准广泛采用。通过这些规范和标准，国家地震危险区划图影响了数十亿美元的施工建设，是美国地震监测的主要经济效益之一（NRC，2006b）；除新建筑外，国家地震危险区划图还可用于抗震加固指南、地震保险、土地利用规划及公路桥梁、大坝和垃圾填埋场的设计；另外，这些地图也被美国联邦紧急事务管理署（FEMA）（2001，2008）用于HAZUS软件中的地震风险评估，为美国规划和应急准备制定可信的地震场景构建以及地震风险和损失评估提供依据。

国家地震减灾计划的持续研究生产了新一代的地震危险和风险图，提供了更具体的信息来支持社区决策。城市地震危险图明确了社区层面的强地震动和地面破坏。而地震风险图则给出了特定建筑类型的地震危险性。

## 城市地震危险图

城市地震危险图为发展实际地震损失和破坏估计提供了基础。通过结合区域地质效应，地震概率图和地震情景图为社区减灾措施的确定和先后次序提供了可靠的依据。由于场地和土壤条件存在地理差异，需要更高分辨率的区域或局部地震危险图来区分这些差异，并更准确地估计强地震动效应。

在美国，许多成功的试点项目已经证明了国家地震减灾计划城市地震危险图绘制计划的价值。美国地质调查局于1998年启动了城市地震危险图开发计划，并由最初的三个试点地区（旧金山湾区、华盛顿州西雅图市、田纳西州孟菲斯市）逐渐扩展到美国中部（圣路易斯大区、印第安纳州埃文斯维尔）和南加州。该计划涉及了国家地质调查部门、应急管理组织以及当地的大学和咨询公司的合作。例如在南加州，美国地质调查局与南加州地震中心正在合作。

华盛顿州西雅图市的地震危险图在2001年的Nisqually 6.6级地震之后有所改善。这些地图提供了高分辨率的潜在地震动，这对西雅图市特别重要，因为该市大部分地区都位于沉积盆地中，强烈影响了地面震动和破坏的模式（见图3.9）。在Nisqually地震中，未加固砌体（URM）的破坏程度比其他建筑大得多，尤其在软土区其破坏程度最大。改善西雅图地区的地震信息可引导官员就减轻URM建筑物危害的政策作出决策。西雅图目前正在考虑URM改造法案[4]，这将是除加州外的首个强制改造计划。

---

[4] 见 www.cityofseattle.net/dpd/Emergency/UnreinforcedMasonryBuildings/default.asp.

## 地震风险图

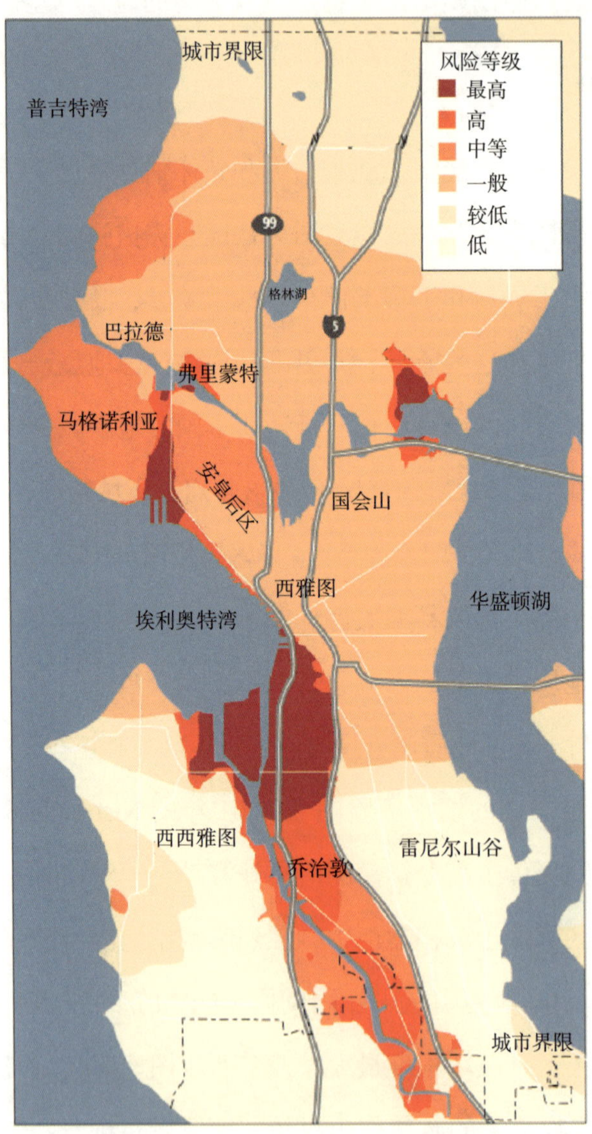


图3.9　西雅图城市地震危险图：50年内超越概率为10%或475年内超越概率为1%。
资料来源：Hearst Corporation。见seattlepi.com/U.S.G.S

地震风险表示建筑物损坏或经济损失的水平，取决于建筑物或结构的类型以及结构相对于强震动的地理位置。绘制统一的地震动图（例如，50 年内超越概率为 2%或地震重现期为 2475 年）不一定能识别统一的地震风险。新的地震风险图系列结合了国家地震危险图信息与美国联邦紧急事务管理署的 HAZUS 多灾版地震损失估算模型的建筑物脆性曲线，显示了超过不同破坏状态的平均年度频率（Luco 和 Karaca，2007）。这类信息是地震风险评估的基础（参见任务 7），社区可以利用这些信息做出风险告知的决策，并根据当地灾害和建筑实践情况确定具体建筑类型的性能指标（例如 1%的年度崩塌可能性）。另外，将此风险图方法与美国地质调查局 ShakeMaps 相结合，可为应急人员提供准确的“损坏地图”，以便在地震后的城市区域使用。

## 3.4.3 启动条件

国家地震危险区划图综合了地震、历史地震、活动断层、地壳形变和地震波产生 / 传播的知识。利用在线设计和分析工具，工程师和地球科学专业人员能够确定特定建筑规范的地震动值，并创建定制的危险性地图。这些地图的科学可信度基于地质学和地震学的基础研究，包括：

### 地震监测

国家地震危险区划图使用了美国国家地震监测台网收集的基础地震数据。正如上面任务 2 所述，美国国家地震监测台网是国家地震减灾计划中地震学研究的“骨干”。

## 地质研究

国家地震减灾计划资助的古地震研究为地震活动性提供了必要的长期地质约束，可以验证概率地震危险性评估。在过去的30年里，可能发生7级以上地震的主要断层系统（如San Andreas、San Jacinto、Elsinore、Imperial和Rodgers Creek等A类断层）的古地震信息已经得到很好的发展。但还需要将这些技术扩展应用到缺乏足够的古地震数据的其他断层，以约束它们的重现间隔（定义为B类断层）。例如，最近发生在加州的1971年San Fernando 6.7级和1994年Northridge 6.7级两次破坏性地震都位于B类断层上。在较适合地震活动性时间依赖模型的地区，关于震间时变性的古地震研究可以有助于识别偶然不确定性、提高地震危险估计的总体分辨率。

## 地震波传播

更好的地震动衰减模型有助于改进建筑结构的设计和施工。将下一代衰减（NGA）模型引入到2008地震危险图（Petersen等，2008，修改了美国许多地区的地震动值）中将会对地震破坏和损失估算有重大影响。通过物理数值模拟（参见任务1中的讨论），美国中部和东部衰减关系得到持续改善，进而促进关于地震对建筑环境影响的了解,并有助于减少地震活动不频繁地区的不确定性。结合震源动力学真实模型和三维地质结构的地震动数字模拟可能会使经验衰减关系得到显著改善。

## 场地条件

由联邦、州、地方机构、大学和顾问团进行的主动岩土工程研究和绘图计划不断提高我们对社区范围内的地下和地质场地影响的认识。例如，COSMOS

岩土虚拟数据中心[5]（Swift 等，2004）建立了一个分布式系统，用于各机构和组织收集和存储的岩土数据的归档和网络传播。

### 协调配合

由州和大学团体开发的地震危险性产品需要通过国家和地区同行评议程序与国家地图进行协调，以便向用户提供全国统一的信息。例如，加州 UCERF2 地震危险性研究图与美国地质调查局国家地震危险性绘图计划（WGCEP，2008）之间的协调。

## 3.4.4 实施问题

正如在任务 14 和 15 中讨论的那样，基于性能的地震工程需要地面震动和变形的预测模型。然而，这类模型在许多方面仍然存在很大的不确定性。在美国地震数据稀疏或不存在的地区应采用地震物理模拟来建立或增强数据集。在城市中持续部署用以收集强震动记录和现场响应信息的美国国家地震监测台网对验证这些模拟模型至关重要。为完善现行的地震动图，需要系统地扩展危险性绘图产品以及发展国家和地方液化（包括横向扩散和沉降）、地表断层破裂和潜在滑坡等危险图。

尽管将美国地质调查局国家地震危险区划图纳入典型建筑规范是国家地震减灾计划重要的成功案例之一，但这些规范的实际实施和执行选择权仍然归于社区。这就需要社区决策者和利益相关者对国家地震危险区划图及建筑规范在社区安全中的作用有更为清晰的认识，其对地震韧弹性社区的发展至关重要。

[5] 见 www.cosmos-eq.org/.

## 3.5 任务5：可操作的地震预报

就目前的科学知识而言，在未来几年或更短的时间内单个大地震是不能被可靠地预测的；即“确定性”地震预测尚不可能。即使强震发生的概率过小以至于没有必要开展大规模疏散等高成本的准备行动，然而公众仍然需要未来地震可能性的即时信息，特别是发生大规模有感地震之后。可操作地震预报的目标是向社会提供关于地震危险随时间变化的权威信息，包括从长期（几个世纪到几十年）到短期（几个小时到几个星期）的一系列连贯的地震预报（Jordan 等，2009；Jordan 和 Jones，2010）。

地震危险性会在短时间内发生变化，因为地震突然改变了未来可发生地震的断层系统内部条件。一次地震可能触发附近的断层，这种触发的概率随着初震震级增加而增加，随时间消逝而衰减（根据简易标度率）。地震触发的统计模型可以解释在地震目录（如余震）中观测到的许多时空丛集，并且这些模型可以用来构建基于先前地震活动性估计未来地震概率的预测方法。短期模型在预测未来地震方面展现了相当的技巧——相较于任务 4 中使用长期预测进行的地震危险性估计，以几天为间隔获得的概率增益因子可以达到 100 ~ 1000。然而，虽然短期模型增益因子很高，但是大地震的预测概率在绝对意义上仍然很低，在一周或更短的时间间隔内很少能高于几个百分点。

不过，短期预测的适当运用可以用来改善地震韧弹性。在发生大地震后，有关地震危险性增加的权威性声明允许应急管理机构以及广大民众预测余震。这些建议满足了公众在地震活动异常期对当前信息的需求，也有助于减少人们对业余预测和过度夸大地震危险的担忧。

根据斯塔福德法案（P.L. 93 ~ 288），美国地质调查局承担联邦政府关于地震监测和预报职责。其下的国家地震预测评估委员会（NEPEC）负责向美国地质调查局局长提供有关地震预报和相关科学研究的意见和建议，为及时发布潜在地质灾害预警的法定职责提供支撑。到目前为止，美国地质调查局和国家地震预测评估委员会还没有在国家层面建立可操作预测协议。

### 3.5.1 建议措施

为实施可操作地震预报，美国地质调查局应该制定国家规划以及协调国家和地方机构。在制定规划时，美国地质调查局应考虑以下要素：

◉ 支持研究。通过其内部研究项目的外部资助计划，美国地质调查局应继续支持地震的科学认识和地震可预测性的相关研究。

◉ 协调地震信息。美国地质调查局应该继续协调联邦和州机构，以改善地震信息的交流，尤其是地震和大地测量数据的实时处理和及时生产高质量的地震目录。对美国国家地震监测台网运行的全力支持将使短期预报所需的实时地震信息得到实质性的改进。

◉ 开发可操作系统。美国地质调查局应支持地震预测方法的发展——基于美国国家地震监测台网探测到的地震活动变化量化短期概率变化，并应部署必要的基础设施和专业知识，以便将这一概率信息用于可操作预测；与地方机构合作，为公众提供有关未来地震短期概率的权威性、科学性的信息，同时应恰当地传达对这些预测信息认知的不确定性。

◉ 地震预测标准。所有涉及地震预测的创建、交付和使用的操作程序都应由相关专家严格审查。根据天气预报中常用的三个标准（Jordan 和 Jones，

2010），地震预测程序应该符合以下标准：质量，预测的与实际的地震之间的良好对应关系；一致性，在不同空间或时间尺度上使用的程序之间的兼容性；效益，个人或组织使用地震预测可取得的效益（相对于成本而言），指导他们在备选行动方案中进行选择。

可操作预测应整合经过验证的短期地震活动模型的结果，这些模型应与权威的长期预测相一致，并证明其可靠性（与许多试验的观测结果相一致）和性能（相对于长期预测的表现）。

对可靠性和性能的验证需要客观地评估模型预测结果与预测后采集的数据的相关程度（前瞻性测试），以及与之前数据纪录的对比检查（回顾性测试）。所有的可操作模型都应该与既定的长期预测和多种事件依赖性模型进行持续的前瞻性测试。

已有经验表明，当测试程序符合严格的标准且前瞻性测试为盲测时，其评估结果是最具诊断性的（Field 等，2007）。可以利用地震预测研究协作实验室（CSEP）[6]进行地震预测模型的前瞻性测试（Zechar 等，2010）。目前，该实验室已经开始建立用于比对的相关标准和国际性基础设施。美国、新西兰、日本和意大利正在进行区域性试验，中国将在不久后进行相关试验；而全球测试计划也已经开始启动。

在各种构造环境中持续测试对于展示可操作预测的可靠性和性能以及量化其不确定性至关重要。目前，以地震活动性为基础的预测依据不同的方法可能会在概率增益方面显示出数量级的差异，而且如何将持续的地震序列数据同化到模型中仍然存在很大的问题。

[6] 见 www.cseptesting.org/.

◉ 评估预测效用。以前大多数关于地震预报公共业务的工作都预期它们能以高概率给出大地震发生的可能性，即确定性预测是可能的，但这个预期没有实现。目前的预测政策需要在“低概率环境”下进行调整，即地震预测概率可能会有几个数量级的变化，但在绝对意义上仍然很低（短期内低于10%）。

可操作地震预报的实施是具有成本效益的，将有助于降低地震对个人、建筑环境和全社会的影响，这也是美国国家标准与技术研究院（2008）的目标之一（目标 B）。国家可操作预报计划将有助于国家地震减灾计划目标 5（开展地震灾害评估服务于研究和实际应用）的实现，并为 NIST 目标 C（提高全国社区的地震韧弹性）、特别是目标 9（提高地震信息产品的准确性、及时性和丰富性）提供新的信息工具。

## 3.5.2 现有知识和当前能力

2009 年 4 月 6 日 L’Aquila 6.3 级地震之后，意大利政府组织召开了国际地震预报委员会（ICEF）大会进行了相关问题的全面回顾。这次大会的主题是地震预报和预测的现有知识和能力的最新综述（Jordan 等，2009）。本节基于此综述内容进行相关陈述。

鉴于当前科学知识现状，在未来几年或更短时间内单个大地震不能被可靠地预测，即可靠和熟练的确定性地震预测尚不可能。尤其是对能可靠地指示即将发生的地震的位置、时间和震级的前兆信号的诊断研究尚未成功应用于短期预测。

所有关于未来地震发生的信息都有很大的不确定性，因此其需要用概率来表示。地震概率性预报在地震科学中是一个快速发展的领域。长期预测提供了几十年到几百年间隔内地震发生的概率估计，包括地震发生地点、可能的震级大小以及地震发生的频率。这些信息对于绘制地震危险图是必不可少的，也是可操作地震预报的基础（见任务 4）。

地震往往具有空间和时间上的丛集特征。大地震通过应力触发产生余震，故地震序列的时空丛集是常见的。余震的激发和衰减以及地震集群的其他方面显示了小时到星期尺度上的统计规律，该规律可在短期地震预报中获取。中期（从几个月到几年）地震概率的附加信息可以从先前大地震引起的断层构造力扰动中获得。

相较于长期预报，基于地震活动性的预报可以给出较高的概率增益，但其绝对概率仍然较低。加州圣安德烈斯断层最南端具有相当高的长期发震概率，根据 UCERF2 模型（见图 3.10），未来 30 年内该断层上发生 7 级以上地震的概率是 1/4。然而,这种事件在 3 天内发生的可能性非常小,约为 $10^{-4}$。2009 年 3 月，在加州 Bombay Beach 附近该断层南端几公里长度内连续发生了 50 多次小地震，其中还包括 3 月 24 日发生的一次 4.8 级的地震。使用前震评估方法，加州地震预测评估委员会（相当于 NEPEC）估计该小震群将圣安德烈斯主震的 3 天发生概率增加到约 1% ~ 5%，相较 UCERF2，其对应增益因子约为 100 ~ 500。

无法从背景地震活动中识别前震。世界范围内，不到 10%的地震在 10 公里和 3 天内随之发生了较大的地震；不到一半的大地震有这样的前震；更多的地震没有预兆。例如，2010 年 1 月 12 日发生的海地 7 级地震（历史第五大死亡人数地震）就没有发生前震或其他短期前兆。

公告发行协议最好在加州开展，因其预测产品的分发越来越自动化（Jordan 和 Jones,2010）。对于每次 5 级以上地震,加州综合地震台网(ANSS 的组成部分)

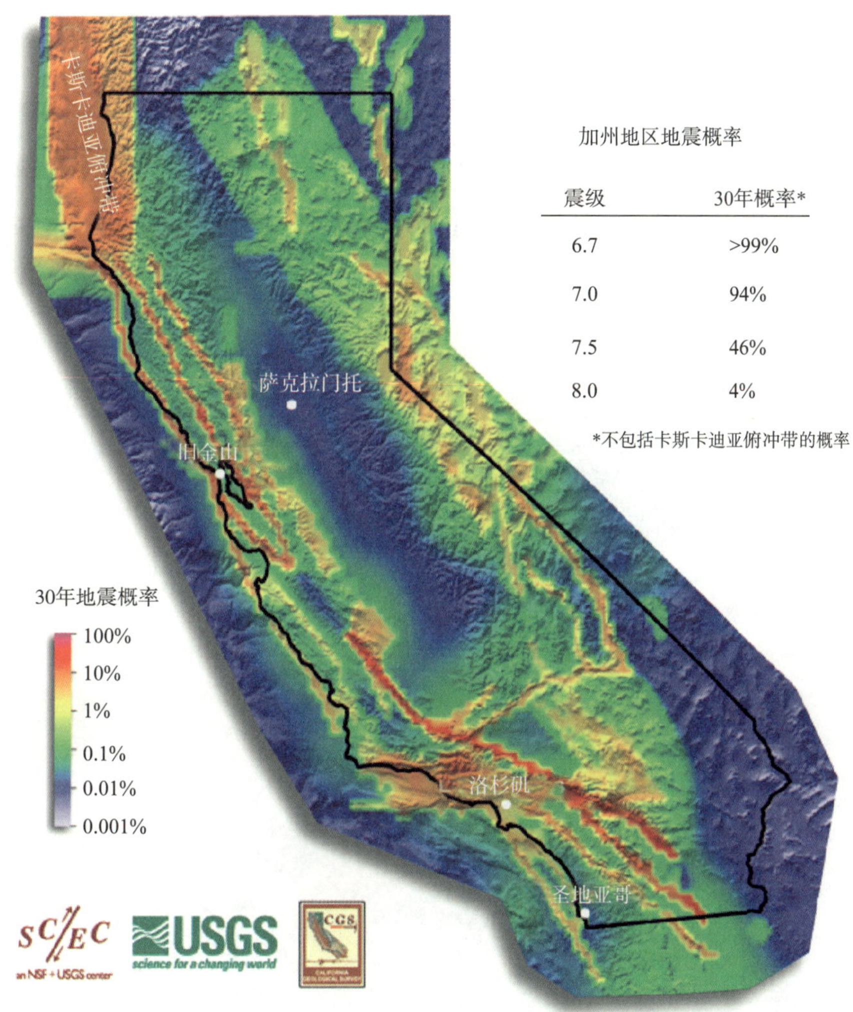


图3.10 统一加州地震破裂预测。资料来源：Field等（2007年）；美国地质调查局

自动发布不小于5级的余震概率，且预计一周内将发生的不小于3级的余震次数。权威的短期预报也在其他地区得到越来越广泛的应用。例如，2009年4月6日L'Aquila大地震发生后，意大利当局开始对24小时内的余震活动进行预报。

利用名为短期地震概率（STEP）模型的可操作系统，美国地质调查局自2005年开始为加州提供余震预报网络服务（Gerstenberger等，2007）。STEP

模型利用余震统计数据在全州10km间隔的格网上（图3.11）对强地震动概率（修正麦卡利烈度≥VI）进行小时修正。

在地震预报中已经考虑了地震活动以外的数据（如大地测量和地电数据）。但到目前为止，非地震前兆的研究还不能量化短期概率增益，因此它们不能被纳入可操作预测方法中（Jordan等，2009）。

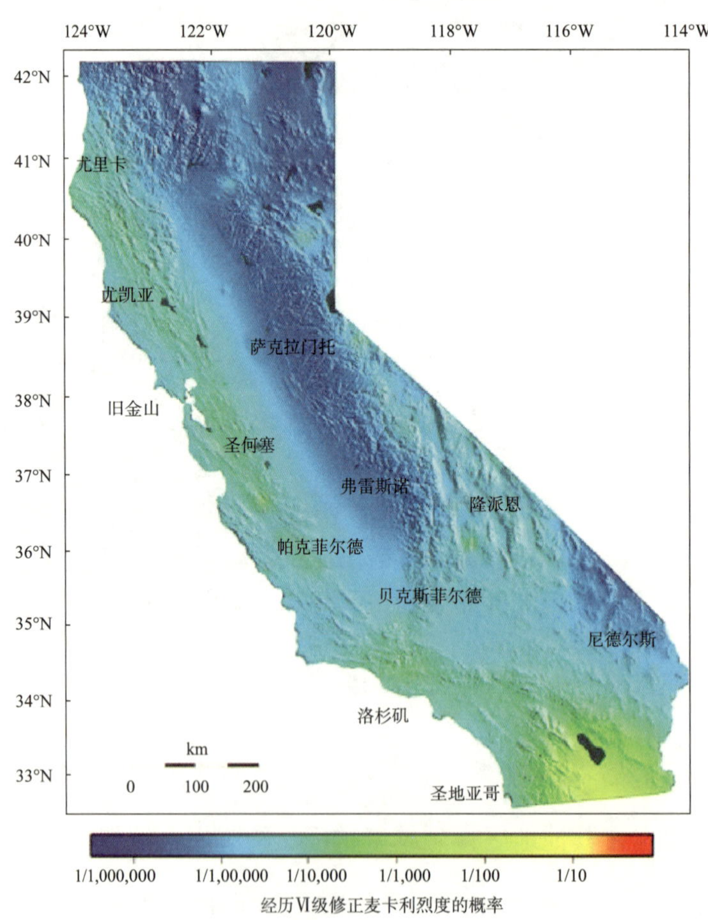


图3.11 短期地震概率（STEP)图。

资料来源：美国地质调查局，见earthquake.usgs.gov/earthquakes/step/

### 3.5.3 启动条件

地震预报的主要不确定性来自于地震活动目录和历史记录中可用的最短采样间隔，这反映在地震重现统计中较大的认知不确定性。利用更优的仪器目录、改进的大地测量监测和野外地质工作可更好地识别活动断层、滑动速率和重现时间，进而减小地震预报的不确定性。所以，美国国家地震监测台网的实施是地震预报的一个启动要求。

提高现有预测模型给出的（低）概率增益，需要大大增进对地震可预测性的理解，这也是任务 1 中描述的国家地震减灾计划的基础科学计划的一个重要目标。但现阶段对活动断层系统的应力状态及其如何随时间演化的认识尤为缺乏。

目前的余震预测模型可以通过整合更多关于主震变形模式和地质环境（例如断层系统局部更详细的说明）的信息进行改善。例如，在 STEP 原型系统中，由特定地震引起的概率变化不依赖于该地震与主断层的接近程度。在这一点上，包含地震丛集和触发的短期预报模型需要与基于断层的长期模型（如 UCERF）相结合。加州地震概率新工作组预期于 2012 年中期向加州地震局提交新版本模型 UCERF3，并计划将短期预报整合到该新模型中。

为可操作计，预测模型应该证明已建立的参考预测的可靠性和性能，例如长期的、独立于时间的模型。对可靠性和性能的验证需要客观地评估预测模型与预测后采集的数据的相关程度（前瞻性测试）以及与以前记录的数据的对比（回顾性测试）。CSEP 正在为此建设一个基础设施（Zechar 等，2009），但其还面临着一些概念性和组织性的问题。例如，需要对基于断层的模型进行修改，以便对其进行严格的测试，这对加州时间依赖性模型 UCERF3 的研发及版本升级是一个巨大的挑战。

目前 CSEP 的评估是基于地震预测与地震活动数据的比较进行的。但是从可操作角度来看，构成主要地震危险的强地震动可以更好地表示预测值。这种方法已经应用在 STEP 模型中，该模型以固定的震动烈度预测地面运动超越概率，且在未来的可操作模型的制定和测试中也应该考虑这种方法。基于物理学的地震动模型与地震预测模型的耦合为开发地震动预测提供了新的可能性。

### 3.5.4 实施问题

利用地震预报进行风险降低和地震备灾需要两个基本组成部分 ——用危险事件概率表示的科学建议，以及危险事件概率如何转化为减灾行动和备灾措施的建议书。虽然在加州已经有了一些相关经验（Jones 等，1991 ; Jordan 和 Jones，2010），但还没有正式的国家标准将地震概率转化为减灾和备灾措施。设置地震概率阈值可以辅助减灾和备灾措施的决策。这些阈值应该由客观分析来设定，例如通过成本 / 效益分析来支持决策过程中采取的行动。

以协同的方式向公众提供概率预测是可操作预测的重要能力。良好的信息能使人们意识到当前的危险状态，减少盲目无从的影响，并有助于降低风险和改善防范。社会科学研究已确立了有效的公众交流原则，应该将其用于地震危险信息交流与沟通。

## 3.6 任务6：地震场景构建

地震风险研究可以采取确定性或场景研究的形式，是对单一地震的影响进行建模，或者根据年度可能性或发生频率来权衡一系列不同地震场景的影响的概率性研究。任务 6 阐述了单个情景在社区规划中的作用，任务 7 阐述了地震风险评估和损失估算方法。综合地球科学、工程和社会科学信息，地震情景构建使社区能够将可能的地震影响可视化。利用情景构建，社区可以评估地震对特定区域建筑环境和社会的潜在破坏，以及它们对地震作出反应和恢复的能力，并且可以确定今后减少这些影响的必要步骤。

### 3.6.1 建议措施

开发地震情景仿真图需要将科学、可靠的地震和地震动图与基于 GIS 平台的高分辨率城市地质和人文信息关联。关于建立可靠的地震、地震动和场地条件图的有关问题已在任务 5 中讨论。EERI（2006）提出了使用国家地震减灾计划产品开发和实施地震情景构建的准则，以便为社区提供有关所需细节和工作量的信息：

◉ 为高风险社区开发额外的情景震动图。目前，只有 18 个地震活动性高 / 很高的州有基于网络的震动图情景，可用于情景和演练开发[7]。美国地质调查局 1188 号文件（USGS，1999 年）和美国联邦紧急事务管理署 366 号文件（FEMA，2008 年）确定了 43 个高风险社区（见表 3.2），这些社区的综合性震动图系列产品的开发在接下来的 5 年内由国家地震减灾计划承担。震动图地震情景指南( Wald 等,2001 )提供技术信息来协助情景构建。在接下来的 20 年内，国家地震减灾计划应该通过整合最新的国家和城市地震危险和风险图来持续更新这些信息。

[7] 见 www.earthquake.usgs.gov/earthquakes/shakemap/list.php?y=2011 (accessed November 30, 2010).

表 3.2 HAZUS-MH 给出的 43 个地震高风险（AEL 超过 1000 万美元）大城市地区的年度地震损失（AEL）和年均地震损失率（AELR）

| 排名 | 州 | 美元/百万美元 | 排名 | 州 | 美元/百万美元 |
|---|---|---|---|---|---|
| 1 | 洛杉矶—长滩—圣安娜，加州 | 1,312.3 | 1 | 旧金山—奥克兰—弗里蒙特，加州 | 2,049.94 |
| 2 | 旧金山—奥克兰—弗里蒙特，加州 | 781.0 | 2 | 里弗塞德—圣贝纳迪诺—安大略，加州 | 2,021.57 |
| 3 | 里弗塞德—圣贝纳迪诺—安大略，加州 | 396.5 | 3 | 埃尔森特罗，加州 | 1,973.77 |
| 4 | 圣何塞—森尼韦尔—圣克拉拉，加州 | 276.7 | 4 | 奥克斯纳德—干橡布—文周拉，加州 | 1,963.00 |
| 5 | 西雅图—塔科马—贝尔维尤，华盛顿州 | 243.9 | 5 | 圣何塞—森尼韦尔—圣克拉拉，加州 | 1,837.58 |
| 6 | 圣地亚哥—卡尔斯巴德—圣马科斯，加州 | 155.2 | 6 | 圣塔罗萨—佩特卢马，加州 | 1,662.57 |
| 7 | 波特兰—温哥华—比弗顿，俄勒冈—华盛顿州 | 137.1 | 7 | 圣克鲁斯—沃森维尔，加州 | 1,580.97 |
| 8 | 奥克斯纳德—干橡布—文周拉，加州 | 111.0 | 8 | 洛杉矶—长滩—圣安娜，加州 | 1,574.85 |
| 9 | 圣塔罗萨—佩特卢马，加州 | 68.6 | 9 | 纳帕，加州 | 1,398.18 |
| 10 | 圣路易斯，密苏里州—伊利诺伊州 | 58.5 | 10 | 瓦列霍—费尔菲尔德，加州 | 1,375.94 |
| 11 | 盐湖城，犹他州 | 52.3 | 11 | 安克雷奇，阿拉斯加州 | 1,238.56 |
| 12 | 萨克拉门托—阿登—阿凯德—罗斯维尔，加州 | 52.0 | 12 | 圣巴巴拉—圣玛丽亚—戈利塔，加州 | 1,207.93 |
| 13 | 瓦列霍—费尔菲尔德，加州 | 39.8 | 13 | 里诺—斯帕克斯，内华达州 | 1,150.40 |
| 14 | 孟菲斯，田纳西—密西西比—阿肯色州 | 38.2 | 14 | 布雷默顿—锡尔弗代尔，华盛顿州 | 1,110.13 |
| 15 | 圣克鲁斯—沃森维尔，加州 | 36.2 | 15 | 萨利纳斯，加州 | 1,075.54 |
| 16 | 安克雷奇，阿拉斯加州 | 34.8 | 16 | 西雅图—塔科马—贝尔维尤，华盛顿州 | 1,052.43 |
| 17 | 圣巴巴拉—圣玛丽亚—戈利塔，加州 | 34.4 | 17 | 盐湖城，犹他州 | 984.61 |

续表

| 排名 | 州 | 美元/百万美元 | 排名 | 州 | 美元/百万美元 |
|---|---|---|---|---|---|
| 18 | 拉斯维加斯—帕拉代斯，内华达州 | 33.1 | 18 | 奥林匹亚，华盛顿州 | 969.50 |
| 19 | 火奴鲁鲁，夏威夷州 | 32.0 | 19 | 波特兰—温哥华—比弗顿，俄勒冈—华盛顿州 | 942.62 |
| 20 | 贝克斯菲尔德，加州 | 30.3 | 20 | 贝克斯菲尔德，加州 | 870.43 |
| 21 | 纽约—新泽西北部—长岛，纽约州—新泽西州—宾夕法尼亚州 | 29.9 | 21 | 圣路易斯·奥比斯波—帕索罗布尔斯，加州 | 848.65 |
| 22 | 萨利纳斯，加州 | 29.2 | 22 | 奥格登—克利尔菲尔德，犹他州 | 826.52 |
| 23 | 里诺—斯帕克斯，内华达州 | 29.0 | 23 | 塞勒姆，俄勒冈州 | 797.50 |
| 24 | 查尔斯顿—北查尔斯顿，南卡罗来纳州 | 22.3 | 24 | 圣地亚哥—卡尔斯巴德—圣马科斯，加州 | 770.20 |
| 25 | 哥伦比亚，南卡罗来纳州 | 21.6 | 25 | 查尔斯顿—托查尔斯顿，南卡罗来纳州 | 766.01 |
| 26 | 斯托克顿，加州 | 20.9 | 26 | 尤金—斯普林菲尔德，俄勒冈州 | 701.95 |
| 27 | 亚特兰大—桑迪斯普林斯—玛丽埃塔，乔治亚州 | 19.1 | 27 | 普罗沃—奥勒姆，犹他州 | 683.30 |
| 28 | 布雷默顿—锡尔弗代尔，华盛顿州 | 17.7 | 28 | 斯托克顿，加州 | 597.79 |
| 29 | 奥格登—克利尔菲尔德，犹他州 | 17.5 | 29 | 孟菲斯，田纳西—密西西比—阿肯色州 | 509.13 |
| 30 | 塞勒姆，俄勒冈州 | 17.4 | 30 | 埃文斯维尔，印第安纳州—肯塔基州 | 485.60 |
| 31 | 尤金—斯普林菲尔德，俄勒冈州 | 16.5 | 31 | 哥伦比亚，南卡罗来纳州 | 478.05 |
| 32 | 纳帕，加州 | 15.9 | 32 | 莫德斯托，加州 | 473.05 |
| 33 | 圣路易斯·奥比斯波—帕索罗布尔斯，加州 | 15.7 | 33 | 拉斯维加斯—帕拉代斯，内华达州 | 473.60 |
| 34 | 纳化维尔—戴维森—默夫里斯伯勒，田纳西州 | 15.4 | 34 | 萨克拉门托—阿登—阿凯德—罗斯维尔，加州 | 390.28 |

续表

| 排名 | 州 | 美元/百万美元 | 排名 | 州 | 美元/百万美元 |
|---|---|---|---|---|---|
| 35 | 阿尔伯克基，新墨西哥州 | 14.7 | 35 | 圣路易斯，密苏里州—伊利诺伊州 | 374.73 |
| 36 | 奥林匹亚，华盛顿州 | 13.7 | 36 | 阿尔伯克基，新墨西哥州 | 337.23 |
| 37 | 莫德斯托，加州 | 13.0 | 37 | 火奴鲁鲁，夏威夷州 | 311.12 |
| 38 | 弗雷斯诺，加州 | 12.6 | 38 | 弗雷斯诺，加州 | 283.13 |
| 39 | 埃文斯维尔，印第安纳州—肯塔基州 | 11.7 | 39 | 小石城—北小石城，阿肯色州 | 248.74 |
| 40 | 伯明翰—明佛，阿拉巴马州 | 11.3 | 40 | 纳化维尔—戴维森—默夫里斯伯勒，田纳西州 | 167.26 |
| 41 | 埃尔森特罗，加州 | 10.7 | 41 | 伯明翰—明佛，阿拉巴马州 | 115.54 |
| 42 | 小石城—北小石城，阿肯色州 | 10.5 | 42 | 亚特兰大—桑迪斯普林斯—玛丽埃塔，乔治亚州 | 65.39 |
| 43 | 普罗沃—奥勒姆，犹他州 | 10.4 | 43 | 纽约—新泽西北部—长岛，纽约州—新泽西州 | 20.90 |

◉ 地方数据采集。进一步提高地方建筑和清单数据的详细程度已成为共识。协调地方数据采集可以提高分辨率，减少地震情景结果的不确定性。这包括地方评估数据库或专业清单(ImageCat, Inc. 和 ABS Consulting, 2006)的使用，并利用诸如 HAZUS 综合数据管理系统（CDMS）[8] 以及快速脆弱性观测和风险评估（ROVER）(Porter 等，2010）等工具对这些清单的更新，以便对更具体的现场分析所需数据进行升级。

◉ 社区地震演习。社区地震演习为社区组织灾害研究和收集清单、激发参与热情以及更好地理解地震和防震提供契机。2008 加利福利亚大震动项目的成功经验促成了加州全境的年度地震情景演习的开展[9]，进而使得其他州也开

[8] 参见 www.fema.gov/plan/prevent/hazus/hz_cdms2.shtm.

[9] 见 www.shakeout.org/.

展了相应的地震情景构建，例如 2010 年内华达州[10]和 2011 年新马德里地震 200 周年美国中部[11]进行的相关演习。

## 3.6.2 现有知识和当前能力

地震情景构建提供了研究替代结果的机会，并激发人们对新政策和方案的需求的创造性思考。结合区域地震危险性、当地土壤特性、建筑类型、生命线和人口特征等相关的科学性、工程性和社会性的最新知识，情景构建可以创造一幅让社区成员认识并产生关联的景像。情景构建向社区展示了他们日常生活被中断的潜在危险程度及其持续时间，并为减少影响所执行的必要行动提供了动力。此类情景构建不仅可以刺激新的政策和计划，且其自身发展过程通常也会极大地改善科学、工程、应急管理和政策制定等团体成员之间的相互理解，提升信任与交流，进而形成致力于减少地震风险的“新社区”[12]。

在美国的一些断层带上已经构建了地震情景，可从 EERI 的网站上获得[13]。加州已构建地震情景的断层包括旧金山湾地区的海沃德和圣安德烈斯断层（CGS，1982，1987；EERI，1996，2005；Kircher 等，2006）以及南加州的圣安德烈斯、圣哈辛托和纽波特英格伍德断层（CGS，1982，1988，1993；Jones 等，2008；Perry 等，2008）。湾区和南加州的情景构建都会影响美国一些最大的人口中心，其估计的潜在损失在 1000 亿至 2000 亿美元之间，可能会造成数千人死亡及数万人受伤。类似的地震情景显示，萨克拉门多—圣华金河三角洲的地

---

[10] 见 www.shakeout.org/nevada (accessed November 30, 2010).

[11] 见 newmadrid2011.org/.

[12] 见 www.eeri.org/site/projects/eq-scenarios (accessed May 4, 2010).

[13] 见 www.nehrpscenario.org (accessed Feb 5, 2011).

震引起的堤坝破坏将中断超过 2200 万人的饮用水及三角洲及周边耕地用水的供应[14]，这有效的推动了社区公共意识计划和减灾行动。

基于国家地震减灾计划的研究，在西北太平洋地区已经构建了卡斯卡迪亚大地震（CGS，1995；CREW，2005）以及西雅图断层 6.7 级地震（EERI，2005）的情景。卡斯卡迪亚地区地震工作组（CREW）和 EERI 的相关报告都由地方公共和私人部门组织协作完成，这些组织包括美国土木工程师学会（ASCE）、华盛顿结构工程师协会（SEAW）、美国地质调查局、华盛顿大学和华盛顿州应急管理部（Ballantyne，2007）等。卡斯卡迪亚地震情景示例了最近发生的大型俯冲带地震，例如 1964 年的阿拉斯加和 2004 年的苏门答腊地震事件，表明了这些事件对当地社会产生的影响。与加州大城市地区的地震情景构建不同，6.7 级的西雅图断层情景构建则从小城市的视角给出了相应的结果（见图 3.12）：新老建筑估计损失为 330 亿美元，且有 1600 人死亡。将重点放在受灾严重的区域，可为情景构建提供更高的现实性和可信度，例如在 2001 年尼斯克利地震中受到严重破坏的先驱广场。

作为其自然灾害减灾计划的一部分，俄勒冈州地矿局（DOGAMI）与俄勒冈应急管理部及俄勒冈大学合作，制定了全国范围内的地震和滑坡危险图以及地震破坏和损失估算。根据改进的信息，卡斯卡迪亚地震情景估计威拉米特河谷中南部的建筑损失会超过 110 亿美元（Burns 等，2008）。

美国中部正在为 1811/1812 新马德里地震 200 周年而制定美国联邦紧急事务管理署新马德里灾难规划倡议，涉及 4 个美国联邦紧急事务管理署地区、8 个州（阿拉巴马州、阿肯色州、伊利诺伊州、印第安纳州、肯塔基州、密西西

[14] 见 www.water.ca.gov/news/newsreleases/2005/110105deltaearthquake.pdf.

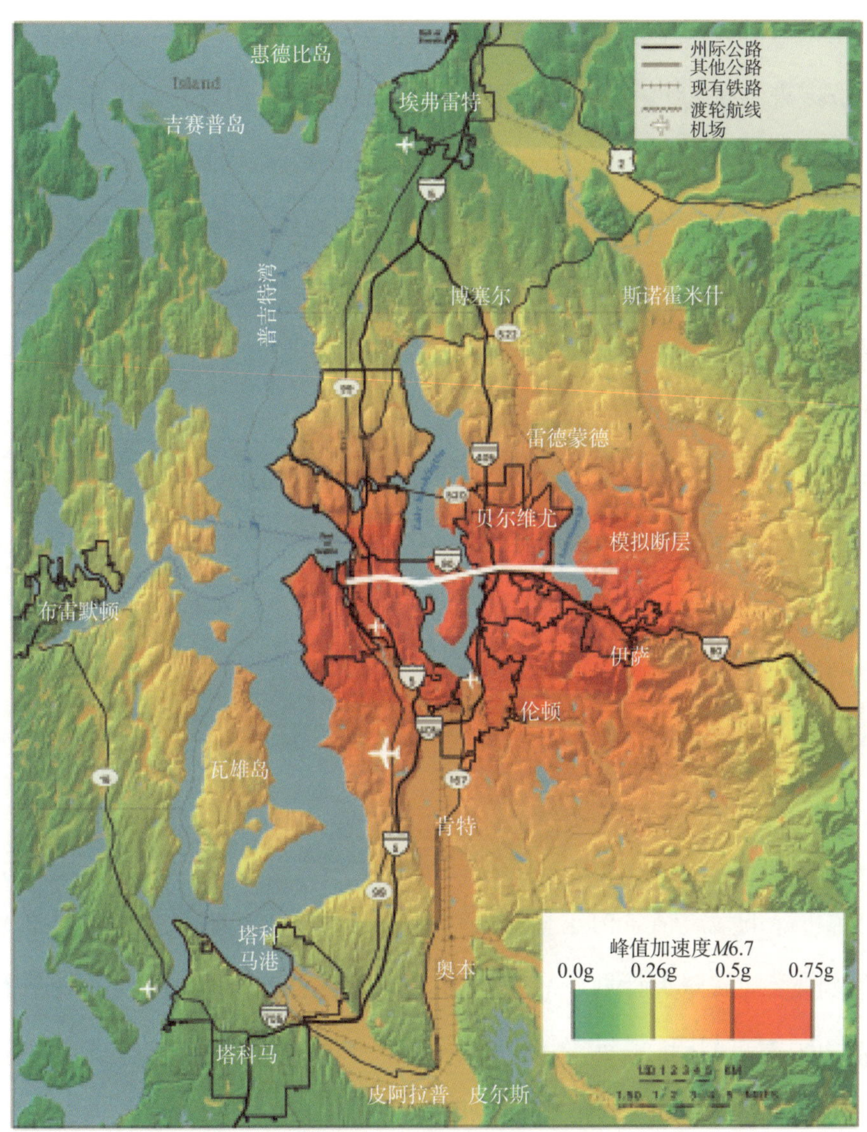


图3.12 西雅图断层情景构建描绘了西雅图断层6.7级地震的影响。
资料来源：Weaver等人（2005年）；改编自美国地质调查局

比州、密苏里州和田纳西州）及其附属161个县的详细评估。该项目为田纳西州孟菲斯市和密苏里州圣路易斯开发了新的区域综合土壤特征图、新的场景事件地震动图、升级的运输和公用事业网络模型以及各种影响模型结果的不确定性的量化方法。凌晨 2 点的情景初步结果显示，3,500 人死亡，86,000 人受伤，直接经济损失约 3,000 亿美元，破坏房屋约 715,000 户，约 260 万户断电（Elnashai 等，2009；见专栏 2.1）。在美国东部，纽约州—新泽西州—康乃迪克州的大城市区的地震损失估计显示，即使是中等强度的地震也会对该区域的众多人口（1850 万）以及未加固的砖石建筑物产生重大影响（Tantala 等，2003）。南卡罗来纳州最近完成了对 1886 年重复 7.3 级查尔斯顿地震的全面风险评估，估计直接经济损失达 200 亿美元（URS 等，2001）。

地震情景构建还为应急管理人员提供了事态感知能力。夏威夷已经开发了一个基于网络的情景目录，即夏威夷 HAZUS 图集[15]，其基于毛伊县和夏威夷县及其周边发生的历史地震构建了 20 个“合理的”假想地震。虽然太平洋灾害中心的 HAZUS 建模人员近实时地分析实际地震并发布事件相关信息，应急管理人员仍可通过相似震中和震级的情景事件快速评估实际情况。

## 3.6.3 启动条件

科学可靠的地震情景构建和地震动需要以诸如国家地震危险区划图、地震动图等的国家地震减灾计划产品为基础。分解国家地震危险区划图以产生情景地震动图，以便社区能够针对单个地震检查局部地震危险。这些图通常是针对不同时期的峰值地面加速度、峰值速度及加速度而产生的，这些因素会影响不同高度或长度的建筑结构。城市地震危险图在社区层面整合了有关地质灾害和地质特征的必要信息。局部高分辨率信息可用于精化基岩地震动输入和地面破坏模型。地面震动的程度取决于基岩上土壤的厚度和性质。这些类型的数据可

[15] 见 www.pdc.org/hha.

通过城市危险测图项目获取，相关试点项目已在旧金山湾东部地区、华盛顿州西雅图、田纳西州孟菲斯、印第安纳州埃文斯维尔和大圣路易斯等地区开展。城市风险图结合 HAZUS-MH 损失估算软件和数据库，能够进行经济和社会损失及物理损坏估算。所有这些因素结合在一起，可为地震可能对当地社区带来的各种影响提供现实图景。

### 3.6.4 实施问题

联邦、州和地方应急管理组织为社区演习的进行和规划提供指导意见。虽然试点研究已经证明地震情景构建对于提高公众意识的价值，但这些基本上都是社区层次的项目，其成功与否取决于社区的参与度。社区需要认识到他们进行演习所“拥有”的情景和效果，为成员提供支持和培训有助于建立这种所有权，进而提高地方相关能力。美国联邦紧急事务管理署赞助的 HAZUS 培训，加上像 EERI 这样的专业组织为情景开发者提供的指导性开发和网络支持，可为社区提供构建他们自己的情景的工具和能力。情景构建还可以允许利益相关者进行“假设”分析（即，如果我们减轻 x，对 y 有什么好处？），这有助于确定具有较高成本效益的减灾和避损策略。

## 3.7 任务7：地震风险评估与应用

虽然国家地震危险区划图和地震情景构建有助于了解地震危害，但政策制定者、研究人员和从业人员逐渐认识到还需对美国地震风险进行分析和绘制。随着地震危险区城市的持续发展，人们越来越担心建筑物、生命线和人员受到破坏性地震的潜在影响。地震风险评估和损失估算建立在任务 6 中描述的情景构建基础之上，其将工程和社会科学信息集成到基于 GIS 的损失估算方法中。虽然各州和地方社区已经开发和使用公开的风险评估方法、数据和结果，但其很多都是基于简化的分析模块、估计参数或数据。这降低了分析的粒度，造成了不确定性，并限制了识别具体危害和风险问题并采取相应行动的能力。这些不确定性有许多可以通过国家地震减灾计划活动来消除和减小。

### 3.7.1 建议措施

损失估计模型的不确定性主要来源于准确的输入数据的缺乏。这不仅包括模型所使用的数据，例如震源特征信息、强地震动衰减、局部土壤条件和建筑环境的清单等，还包括用于开发模型本身的数据。在不同的损失估计模型中使用的不同参数可以将平均值不确定性水平改变五倍或更多。Porter 等进行的敏感性研究（2002）指出，对特定建筑物的损伤估计影响最大的参数与地震动和脆性曲线有关，给出了作为地震动的函数的各种建筑物构件的损伤估计、地震动响应谱分析以及地震动记录和时程分析。例如，根据改进的土壤分类，加州的 AEL 估计值比基于单一默认土壤类型的估计值低约 30%（Rowshandel 等，2003；FEMA，2008）；基于下一代衰减（NGA）模型的加州建筑相关损失比基于早期地震动预测方程（Chen 等，2009）的结果低 28% 到 63%；华盛顿州的地震模拟显示，对 HAZUS—MH4 版本的 HAZUS 建筑物损坏模块进行修改后，所估计的伤亡人数以及需要收容的人数减少了 30%（Terra 等，2010）。这些例子反映了危险和风险表征能力的改进。不断改进地震风险和损失估算方法以及开发社区风险模型被确定为国家地震减灾计划的两个重点关注领域：

（1）促进地震风险评估和损失估算方法和数据库的不断发展和完善。EERI（2003b）确定了系统级仿真和损失评估的五个重点领域：

◉ 纳入全方位的物理和社会影响及损失，以进行损失估算模型准确性检校的验证研究。

◉ 国家地震危险性模型，建筑物和生命线数据库，同样适用其他自然和人为灾害的人口分布模型。

◉ 改进的建筑物（结构和非结构）和生命线的损坏和脆性模型

◉ 改进的间接经济损失估算模型

◉ 处理生命线相互依赖性问题的系统级仿真和损失评估工具的开发（另见任务 12 和 15）

使用“默认”数据或简化数据会产生地震风险评估的不确定性。将建筑物清单数据集成到人口普查区或区块层面，以及使用模型建筑物类型与简化脆性曲线和模型驱动的数据库可能会歪曲建筑物清单的实际特征。评估员数据库与 HAZUS 数据库之间的差异容易低估较大城市的非住宅暴露度，而又容易高估较小城市的非住宅暴露度（Seligson，2007）。允许社区导入更高分辨率的数据可解决或减少这些不确定性，进而可改进 HAZUS 数据管理工具（如 HAZUS 综合数据管理系统[16]（CDMS））。

（2）推动“活的”社区风险模型。因为我们的社区一直在变化，所以社区韧弹性是一个动态的概念。社会各个层面的最佳决策取决于当前最新信息的可用性。风险评估需要通过对用户开放和访问实现。在地方社区层面定义当前可接受的破坏程度需要灵活地纳入以下内容：

[16] 参见 www.fema.gov/plan/prevent/hazus/hz_cdms2.shtm.

◉ 区域多源清单数据

◉ 新的信息和数据（例如，新的衰减模型、建筑脆性曲线、人口特征、生命线性能模型、网络相关性、间接经济损失）。

◉ 新软件或改进的现有软件，如前端和后端软件模块（例如，可解决生命线网络中断和网络相关性的程序）。

除了已有的基本风险指标（如直接 / 间接经济损失、人员伤亡，房屋倒塌），还应支持开发新的分析技术或可能针对个体或社区需求的新指标。

为地震韧弹性社区和区域示范项目建立社区风险模型是展示如何使用风险评估减少风险的一种方式。

## 3.7.2 现有知识和当前能力

对比各州和各地区的风险对国家地震减灾计划的管理至关重要。损失评估工具提供统一的基于工程的方法用来衡量地震造成的破坏和经济影响。这些模型有很多都包含在商业软件包中，这些软件包是由专注于终端用户（如保险业）专有模式的开发和销售公司研制的，例如由 AIR Worldwide、EQECAT、风险管理解决方案和 URS 等公司开发的相关产品。除了这些专有的地震损失估算方案外，目前还有两个公开可用的损失估算或风险评估方案——美国联邦紧急事务管理署的 HAZUS 和中美洲地震中心（MAE）的 MAEviz 方案：

◉ 美国联邦紧急事务管理署与美国国家建筑科学研究院（NIBS）合作开发了 HAZUS，并于 2010 年发布了两个版本的软件。第一个版本 HAZUS—99 只能用于地震灾害，而 HAZUS—MH 则能综合用于洪水、风和地震灾害[17]。

[17] 参见 www.fema.gov/plan/prevent/hazus/index.shtm.

◉ MAEviz 是由中美洲地震中心和国家超级计算机应用中心联合开发的基于后果风险管理方法的开源地震风险评估软件。开源架构有助于减少研究人员发现与终端用户实施之间的时间延迟。可以使用插件系统将新的研究成果、软件、改进的方法和数据添加到系统中。因此，MAEviz 正在不断变化，并随着网络上的日常构建而不断发展。[18]

另一个名为“全球地震模型”的国际开源代码程序目前正在开发之中，并于 2013 年底发布。[19]

## 风险评估和损失估计模型的使用

风险评估和损失估算模型已经在国家和社区范围内成功使用，用以提高对地震风险的认识。美国地质调查局 1188 号文件（USGS，1999）将人口规模乘以地震危险（50 年内超越概率 10%）创建一个风险因子，用于确定所需城市地震台站的数量（ANSS 的组成部分，见任务 2）。基于 HAZUS 方法，美国联邦紧急事务管理署 366 号文件（FEMA，2008）给出了一般建筑物长期平均年度地震损失（见专栏 1.1）的全国估算。根据 2000 年人口普查，目前美国的 AEL 为 53 亿美元（2005 美元计算）。如表 3.2 所示，以洛杉矶和旧金山为首的 43 个大城市地区占了美国地震风险的绝大部分（82%）。而包括华盛顿州西雅图、俄勒冈州波特兰、犹他州盐湖城和田纳西州孟菲斯在内的高风险社区表明，地震不仅仅是加州的问题。

损失估计也可以用来衡量诸如建筑物加固改造及出售不动产或购买地震保险转移风险等各种减灾策略的有效性。例如，美国联邦紧急事务管理署

---

[18] 参见 mae.cee.uiuc.edu/software_and_tools/maeviz.html.

[19] 参见 www.globalquakemodel.org/.

（1997b）估计，如果在地震发生之前全部建筑物按照目前的高抗震设计标准建设，类似于 1994 年北岭地震的直接经济损失（建筑及其附属物破坏和收入损失）将会减少 40%（从 279 亿美元减少到 166 亿美元）；而如果没有抗震标准，估计损失要比 1994 年基准地震情景下的损失高出 60%（从 279 亿美元上升到 450 亿美元）。基于 HAZUS—99 地震损失估算方法，2001 年美国联邦紧急事务管理署报告研究了地震恢复对减少南加州纽波特英格伍德断层和加州北部海沃德断层 7 级地震造成的经济和社会损失的影响（Feinstein，2001）。HAZUS 模型表明，这两种情况下的综合性恢复计划可以减少超过 25% 的建筑及其附属物破坏损失和 60% 以上的业务中断损失。这些回顾性的避损研究显示了如何通过仿真建模和积极的社区减灾计划来识别和避免未来的损失。

损失估计受不确定性的影响——强地震动可能性和强度估计的不确定性，实际社区建设和基础设施数据的不确定性，建筑环境破坏程度的不确定性以及基于预测性破坏的社会和经济损失估计的不确定性。这些不确定因素也影响了财务风险以及地震保险保费的估算（NRC，2006b）。地震保险费用高，部分原因是地震风险评估的不确定性，这也限制了地震保险的购买量。作为 1868 年加州海沃德地震 140 周年纪念的一部分，相关分析表明，在随后的 6.8 级到 7.0 级重复地震中仅有 6% 到 10% 的住宅损失和 15% 到 20% 的商业损失将由保险支付（RMS，2008）。相比之下，卡特里娜飓风之后约有 53% 的家庭和企业经济损失由保险支付，包括美国国家洪水保险计划的支出（图 3.13）。

### 3.7.3 启用条件

为了在社区地震风险评估方面不断取得进展，国家地震减灾计划持续为开

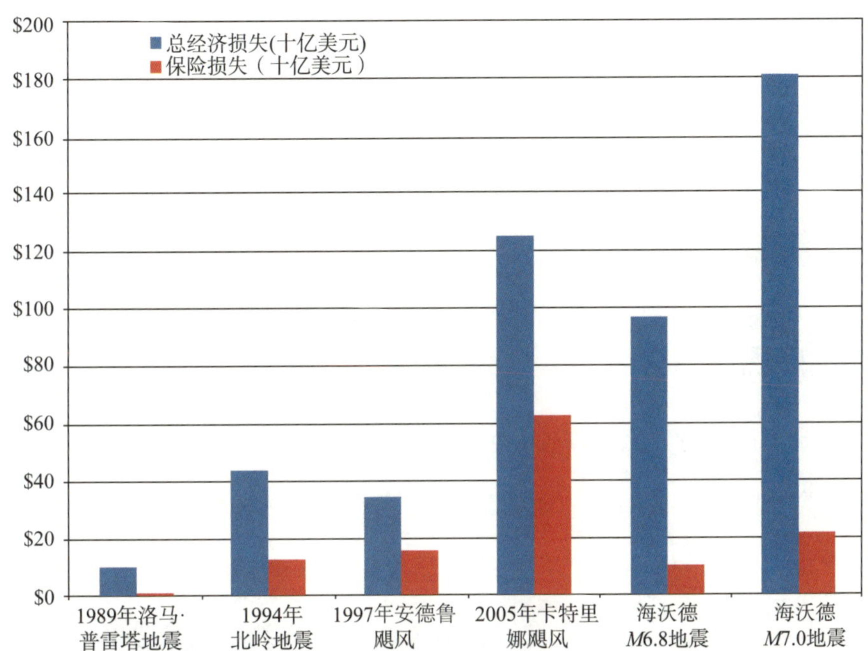


图3.13 美国近期自然灾害造成的保险和经济损失比较（2008年美元基准价）。安德鲁和卡特里娜飓风的保险损失包括了美国国家洪水保险计划（NFIP）政策。资料来源：风险管理解决方案; Zoback和Grossi（2010）

发全国统一的数据集（如任务 4 和 6 中讨论的国家和城市地震危险图以及考虑了工程实践、规范层次和结构条件区域差异的改进典型建筑类型脆性曲线）提供资助至关重要。支持开放的网络环境也是必要的，该环境支持风险评估软件的不断更新和完善以及新的基础物理模型（如地震后的火灾）的持续开发。

除了这些全国性产品外，国家地震减灾计划相关机构还在社区层面提供加强风险管理活动的专业知识和数据。美国联邦紧急事务管理署已将 HAZUS 部署到美国各地，并在建立地方美国风险评估软件用户组（HUGs）方面发挥了重要作用，这些用户组可为社区提供区域 GIS 支持和专业知识。美国地质调查局与各州和地方机构合作，改善城市地震危险图，并提供社区层面现场情况信息收集的指南和程序。绘制地方三维地质图并将更精细的格网整合到场地响应、液化和滑坡可能性图中，可增加这些数据的粒度，进而改善社区地震风险评估的解决方案。

### 3.7.4 实施问题

#### 开放与封闭源代码软件

除了提供风险评估和减灾活动信息外，HAZUS 封闭源代码软件（即源代码不提供给社区）也被用作应急管理的决策支持工具（例如应对总统灾难声明和设立州减灾基金的申请）。尽管标准源代码对于国家统一决策是必要的，但也应支持相应的开放版本，以便二次开发人员可以测试新数据和开发新算法。科学和工程界利用“开源”软件来创建网络环境的情况正在逐步增多，在该环境中可以开发和测试新的数据、概念和应用。像 MAEviz 和地震工程模拟开放系统（OpenSees）[20] 这样的社区模型环境可为基于区域或社区的情景开发以及结构和岩土工程系统的模拟影响和地震响应提供软件框架。将开源环境与风险和损失评估开发过程联系起来，可以加快研究成果的应用和实施。一旦这些新的模型和概念通过适当的审查，它们就可以被纳入到一个更为标准化的平台，供国家地震减灾计划（NEHRP）相关机构使用。

#### 社区采用 / 实施

实施与地震韧弹性社区和区域示范项目相关的系列协调活动对国家地震减灾计划（NEHRP）相关机构非常有用，任务 18 对此进行了讨论。这些活动将

[20] 见 opensees.berkeley.edu/index.php.

提供基础数据和制图（通过美国地质调查局城市危险图项目）以及建筑和基础设施数据（通过美国联邦紧急事务管理署支持的 HAZUS 活动）以支持社区风险管理活动。

### 保密问题

许多利益相关者，特别是那些关键基础设施领域的利益相关者，都不愿意或者由于 2002 年国土安全法的规定不能将清单信息对外发布。这些限制影响了社区认识和筹划灾期服务中断的能力。应鼓励公私合作关系，个体公共事业和生命线组织利用标准化方法和地震情景构建进行内部风险评估，然后向私人部门和其他利益相关方分享结果，以解决公用事业服务损失导致的公用事业间相互依存关系和社区影响。这些类型的合作关系使得社区灾害规划更为有据可依。

## 3.8　任务8：震后科学响应与恢复研究

最近的美国国家研究委员会（2006a）总结指出，早前国家地震减灾计划进行的社会科学研究，一方面突出显示了在家庭、组织、社区和地区层级实现任何超过适度水平的灾前减灾和备灾措施面临的主要障碍，另一方面突出显示了这些层级的人员在实际地震和其他灾害期间及灾后响应的非凡韧弹性（Kreps 和 Drabek，1996；Kreps，2001；Drabek，2010）。数十年来的研究否认了这样的错误观念，即在灾难期间，恐慌会普遍存在，那些预期会作出响应的人将会放弃他们的角色，社会机构将会崩溃，反社会行为将会猖獗。更重要的研究问题是，社区和地区如何以及为什么能够撬动公共和私人部门的预期（或者计划）的和临时的应急响应与恢复活动。

将灾后环境尽快恢复到正常状态，需求高，压力大（Kreps，2001；Tierney 等，2001；Tierney，2007；Johnson，2009）。这也是为什么在国家地震减灾计划立法研究任务下进行预期和临时应急响应活动的社会科学研究仍然十分重要。然而，社会科学研究也表明，灾后环境为进行减灾行动提供了最有利的机遇——重建更强大的建筑，改变土地利用模式，减少危险地区的发展，也可重塑灾前负面的社会，政治和经济条件（NHC，2006；NRC，2006a；Olshansky 等，2006）。因此，就像应急活动一样，我们需要尽可能准备灾害恢复活动，然后适当执行，以减少未来的风险。国家地震减灾计划相关机构，特别是美国联邦紧急事务管理署，负责多个联邦项目，为社区和地区提供应急和恢复资助。因此，这里提出的国家地震减灾计划社会科学研究旨在确保提高社区和地区韧弹性的相关任务能够得到更充分的实现。

### 3.8.1 建议措施

灾后实践需要基础社会科学研究，以增强社区和地区的大震和其他重大灾害的韧弹性（另见任务 10 和 11）。鉴于联邦政府不同程度的支持，这些研究将对社区和地区层面的预期（也许是计划的）和临时应急和恢复活动及其结果的组合进行记录和建模。应急和恢复活动的主要研究对象包括政府、医疗和教育机构、社会服务机构、公共事业和工商组织等。这些实体必须进行的救灾活动包括动员应急人员和资源、撤离和其他保护行动、搜救、受害者照顾、损害评估、恢复生命线和基本服务、重建建筑环境以及保持经济和政府的连续性。我们提议的研究将有助于国家地震减灾计划的立法研究任务及其相关的任务，以提高社区和地区的韧弹性（另见任务 18）。

### 3.8.2 现有知识和当前能力

虽然绝大多数社区和区域层面的灾前和灾后实践是有预期的，有时也是有计划的，但还应增加临时反应作为这些预设活动的必要补充。目前，应急响应实践的社会科学研究已经得到国家地震减灾计划的重点关注，并且其与灾前准备实践也存在一定程度的关联。这些研究记录了应急管理人员及其所属公 / 私组织以及嵌套这些个人和组织活动的多组织网络的预期和临时应急活动( 例如，Kreps 和 Bosworth，2006；NRC，2006a；Mendonca，2007 )。

很少有研究聚焦于公 / 私部门的灾后恢复实践 ( 预期或临时 ) ( NRC，2006a )。然而，这些实践的结果越来越受到社会科学家的关注 ( 如 NRC，2006a；Rose，2007；Alesch 等，2009；Olshansky 和 Chang，2009；Zhang 和 Peacock，2010 )。因此，本课题有三个主要目的：第一，充分利用现有应急响应和相关备灾实践；第二，扩展有关灾害恢复和相关备灾实践的知识；第三，开发高度基于灾害响应和恢复等社会科学知识的模型和决策支持工具。我们相信，这种模型和工具的使用将增强地震和其他灾害发生之前、之中和之后的社区和区域韧弹性。

通过对大量灾害的系统记录，临时应急响应包括以下内容：

◉ 在个人层面上，个人一般不会基于灾前位置在灾后自发扮演重要角色。即使个人能够临机处置，也是因为当有迫切的行动需求时他们碰巧处在正确的地点、合适的时间，而且具有一定的领导能力。

◉ 在个人层面上，与已有关系相对，个体间新关系的自然发展在灾后扮演重要角色。因为其促进了关系中的一方或双方发挥作用，使得新关系逐渐加固。

◉ 在个人层面上，无论是预先确定还是自发采用，无论是通过原有关系还是新关系来促进，其灾后作用都有非常规发挥。临时反应包括与角色设定相关的程序或设备的变化、角色设定的通常位置的变化、接受未经授权的活动、向没有预先授权的其他人发布命令，以及对没有预批的物资和设备的征用。

◉ 在个人层面上，上述临时反应的主要原因是人力和物资的需求、操作问题、时间压力，且这些问题和机会经常混合出现在组织内或组织间层面上的响应之中。

◉ 在组织层面，核心活动的时间安排和地点可能会发生变化，人力资源和物质资源可能会重新配置，一些核心任务可能会被暂停，而另一些核心任务可能会被扩大或新建，有时还会有相对完整的灾前例程的短期重组。

◉ 在多组织响应网络层面，最常见的临时反应与人力和物力资源非常规交换、新协调活动及伴随的非常规资源交换有关。涉及更改权限模式的更精细筹划以及一个或多个组织被更具包容性的实体吸收并不常见。但这样的结果并非不可避免，因为在大规模灾害中有时会出现多种形式和规模的全新组织，且证明了其重要性。

以前和正在开展的社会科学研究所记录的个人、组织和多组织临时反应主要与紧急救援机构的灾后即时需求有关，而与短期和长期的重建和恢复的需求相关性不大。应急响应和恢复之间的一个重要区别是，前者（如警察、消防、紧急医疗服务、公用事业、当地应急管理办公室）和后者（如社区发展机构、土地使用委员会、房地产公司、银行、保险公司、地方企业）通常不会有常规的互动，而且会有不同的组织文化。然而，公共部门应急人员用于编制预期和临时活动的数据采集工具已被应用于方方面面。但是，要使数据采集工作更加全面，就必须制定关于公共和私人部门内部和之间的预期和临时活动的标准化研究方案，并重新规划数据存档、数据管理和数据共享方案。

### 3.8.3 启用条件

社会科学家在研究地震和其他灾害时已经使用了各种各样的研究方法。他们同时采用定量和定性的数据采集策略，对个人、家庭、团体和组织进行灾前、灾中和灾后的实地研究。这些研究依赖于开放式、高度结构化的调查和面对面的采访。他们利用人口普查资料等公开获取数据及其他公私历史数据来记录社区和地区的地震和其他灾害的脆弱性；使用时空数据和相关的统计模型来记录这些脆弱性；在原始研究数据已经存储并可访问时参与历史事件的档案研究；已在实验室和现场设置了灾害模拟和实验。迄今为止，所使用的社会科学研究方法已经通过“现成的”和尖端技术得以实现（NRC，2006a，2007）。

以上提出的灾后响应和恢复研究需要三个关键的启用条件：标准化的数据采集、改进的数据管理和持续的模型构建。满足这些要求将有助于在地方和区域层面积极参与应急和恢复工作的人员开发和使用管理支持工具。

**（1）标准化的数据采集**：社会科学家采集灾后数据一直是在非常困难的条件下进行的（另见任务 9）。实地观察的时间和地点受到灾害事件本身环境的严重限制，因为有可能对响应活动进行录音和录像。对公私部门的应急人员及其组织和应急机构社会网络的抽样和数据采集有特殊的制约和困难。例如，会议记录、正式行动声明、通信日志、谅解备忘录、电话信息和电子邮件交流等不显眼的数据是繁杂的，有时还不能获取。因此，对社区和区域示范项目（另见任务 18）进行预选以及灾害发生前后进行跨社区数据采集（另见任务 11）对于减小以前大多数灾后研究的短板非常重要。这就使得公私部门重要组织之间的合作可以得到保障，尤其是在发生实际灾害时。通过这种合作，可使预先设定的应急和恢复活动人员的抽样框架比过去的大得多。关于预期和临时活动及其决定因素的标准化数据协议的开发已准备就绪。数据存储方法和数据共享协议可以在灾害发生之前就建立起来。虽然以前地震和其他灾害的社会科学数据标准化的尝试是不连续的，并且从事相同或相关主题的各个研究人员或团队之间缺乏协调，但未来标准化研究的潜力是巨大的。简而言之，社会科学家现在知道在灾后响应和恢复研究中应该寻找什么。最先进的计算和通信技术可以用来更高效和更有效地实施数据协议。

（2）改进的数据管理：数据一旦被采集，其归档和传输就成为非常重要的功能，这也是通过计算和通信技术实现的（另见任务 4、6 和 11）。数据标准化的进展将带动技术工具的应用，以促进数据存储与挖掘。从正在研究和发展的物理和生命科学、工程学及计算科学的交叉学科（例如，支持数据提取、可视化和网页浏览的软件解决方案和专业服务）中，可以了解到这些功能的大部分内容。互联网数据传输技术能力和带宽需求的不断增长必将促进所有自然科学，社会科学和工程领域的数据共享（参见 NRC，2007，关于地震和其他危害研究的益处的描述）。数据存储、数据挖掘和数据传播技术必将通过管理正式的数据共享得到加强。数据共享的“游戏规则”与原始调查人员对数据的控制几乎没有明确的一致性。正式数据控制价值和规范（与有效性和可靠性标准、专有使用权和知识产权、人的主体性保护、信息的机密性和来源的匿名性有关）必须转变为原始研究人员和二次数据分析人员之间共享数据的正式“使用条款”。对于灾害研究人员而言，在数据标准化和建立档案工作启动之前而不是之后，正式考虑数据管理并公布数据共享的正式标准是至关重要的。

（3）持续的模型构建：建模是科学的必要条件（另见任务 6、7、10、12 和 17）。其目标是帮助研究人员和从业者直观地了解这个世界是如何运作的。计算技术的进步使得复杂模型的开发成为可能，这些模型可以用来描述和解释物理和社会系统中从简单到复杂的各种现象。计算技术的进步也为跨学科研究的发展做出了重大贡献。计算技术在自然科学、社会科学和工程中的一个重要用途仍然是现有数据的统计建模。这些统计模型涉及从相对简单到非常复杂的变量配置。它们越来越多地被用来创建灾后响应、恢复实践和结果的结构模型。随着计算能力的扩展，决策模型的发展成为可能。决策模型往往依赖模拟和其他形式的现场或实验室试验，使受试者（如应急和恢复从业人员）在假设情况下（如灾害情况）知道如何作出决策和采取行动（另见任务 6）。需要强调的是，这些决策模型是理论驱动的，且它们的功能是以经验为基础的（NRC，2006a）。两者结合，结构和决策模型可作为社区和地区层面备灾和培训工具开发和应用的关键基础（另见任务 18）。

### 3.8.4 实施问题

三个重要的实施问题及其可能的解决方案值得认真考虑：何时发生大地震和其他重大灾害缺乏可预测性；目前缺乏灾后响应和恢复活动以及有关灾前准备措施的标准化研究协议；缺乏实施标准化研究协议和管理其所产生数据的研究设施和能力支撑。

（1）大地震和其他重大灾害的可预测性：在社区和地区层面，灾害是低概率事件，因此很难预测。所以，灾后研究的地点在很大程度上是临时的，主要的困难在于如何迅速调动实地研究团队以及如何在紧急情况下完成数据采集。尽管存在困难，社会科学家已经有能力采集各种关于应急和恢复活动的临时数据。在实施 NEHRP 战略规划（见任务 11 和 18）的未来 5 ~ 20 年期间，试点社区和地区的预选将大大促进社会科学研究，首先是因为可以制定研究计划；其次是公共和私人部门的地方和区域官员参与的可能性更大；第三，试点研究地区未来 5 ~ 20 年发生一起或多起灾害事件的可能性更大（NRC，2006a）。

（2）缺乏标准数据采集协议：基于已完成的相关基础工作，现在可以实现跨多个灾害的高度结构化的研究设计和可复制数据集的潜力。关键是要在发生特定灾害之前制定应急和恢复活动的标准化数据采集协议（NRC，2006a）。为此，我们建议国家地震减灾计划机构在国家科学基金委的支持下，尽快为这些协议的相关研究提供资助。资助应吸引对相关方法学问题感兴趣的现有或新的研究团队。未来两年为 2 到 4 个项目提供的资助额度（不包括实际数据采集的成本）应该在 150 万美元左右。

（3）缺乏实施标准化研究协议和解决数据管理问题的研究设施和能力支撑：标准化研究协议的发展需要与之匹配的数据收集、管理和分发的基础能力和设施支撑。短期内，可以通过资助现有的以大学为基础的社会科学研究中心实现此目的。但根据美国国家研究委员会（2006a）的建议，最终还是需要一个国家地震和其他灾害社会科学研究中心。这个中心将包括由国际与国内的调查人员和研究单位组成的分布式团队。与地震工程模拟网络（NEES）类似，中心将利用电信技术连接空间分布的数据库、设施和研究人员。它将为灾害和灾难社会科学研究提供一个制度化的综合论坛，就像南加州地震中心（SCEC）为地震地球科学界所做的一样。我们建议国家地震减灾计划机构未来 5 年在美国国家科学基金会的支持下向新的社会科学中心提供每年200万美元的资助。该资助将与美国国家科学基金会（NSF）之前对地震研究中心的资助一致。

## 3.9 任务9：震后信息管理

虽然灾难性地震是罕见的，但破坏性地震发生很频繁。收集、提炼和传播关于地震的地质、结构、体制和社会经济影响的经验教训以及灾后应对措施，是增进知识和更有效地减少地震损失的关键要求。《2008 NEHRP战略规划》将建立和维护一个重要的全国震后信息管理系统确定为战略优先事项，以改善对地震过程和影响的理解（NEHRP，2007）。这项任务的目的是通过改善震后信息获取和管理，确保国家地震减灾计划在灾后时期的活动更加有效。

### 3.9.1 建议措施

这项任务建议建立和维护一个全国震后信息管理系统，以捕捉、提取和传播破坏性地震的教训。该系统本身将是一项重大的工程，需要持续多年的资金来实施和维护，以便经济高效地保存数据，且可供对未来的基础设施设计以及减灾和管理工作使用。这将有助于确保国家地震减灾计划的任务（开发、传播和推广在灾前环境中减少地震风险的知识、工具和做法）在灾后环境中也能取得成功。

### 3.9.2 现有知识和当前能力

人们早已认识到，任何减少由严重自然灾害造成的经济损失和社会破坏的国家努力，都需要一个在全面统一系统中捕捉和保存工程、科学和社会绩效数据的机制，这将有助于我们从发生的灾难事件中吸取教训（EERI，2003a）。这种资源将在加强基础设施设计、优化减灾、灾难规划以及灾害响应和恢复工作方面发挥重要作用。尽管有这种认识，美国目前还没有任何机制来确保系统地收集和存档必要的数据供将来使用。此外，收集的数据往往在收集后不久就会丢失，而不是加以整理和维护，以便能够研究、分析和比较可能在许多年甚至几十年内不会发生的严重自然灾害（NRC，2006a）。

目前有很多机构和专业组织支持或参与灾后信息获取和管理，包括美国国家科学基金会资助 EERI 调查工程“从地震中学习”[21] 和岩土工程极端事件勘察协会（GEER）[22]。他们都在研究更系统的方法来进行美国国家科学基金会（GEER）资助的极端事件影响的调查工作。美国地质调查局在美国和国际上也非常积极地进行灾后调查，并制定了一个项目来帮助协调国家地震减灾计划的震后调查（USGS，2007）。

最近，美国联邦紧急事务管理署资助了在多灾种减灾委员会（MMC）的美国生命线联盟（ALA）的主持下对这种系统需求的初步范围界定。美国生命线联盟努力的目标是确定震后信息管理系统（PIMS）的基础设施要求（如数据系统架构、技术需求和问题）和实施要求（如设施、专业知识、政策和资金）。PIMS 将为用户提供以直观和交互的方式查询数据的能力，以便在地震期间对已建环境的过去性能进行评估。

美国生命线联盟于 2006 年 10 月 11 — 12 日在华盛顿召开了统一数据收集研讨会（NIBS，2007）。研讨会是公开和坦率地讨论公用事业和运输系统（生命线）

[21] 参见 www.eeri.org

[22] 参见 www.geerassociation.org

社区共同需求的论坛，同时为满足这些需求提供可能的合作与协作机会。这次研讨会的成果有助于将“改善震后信息获取和管理”确定为一项目标，并将“建立国家震后信息管理系统”作为《2008 NEHRP 战略规划》（NIST，2008）的战略优先事项。与会者认识到，一个综合的震后信息管理系统需要包括建筑环境的所有方面，并有可能扩大范围以解决所有类型的自然灾害。

2007 年 12 月，美国生命线联盟在美国联邦紧急事务管理署的资助下，委托伊利诺伊大学的一个研究小组进行为期 10 个月的范围界定研究，以评估实施震后信息管理系统的用户需求和系统需求，挑战和系统级问题，以及克服挑战和满足用户需求所需的设计策略（PIMS 项目组，2008）。作为后续项目，伊利诺伊大学的研究人员利用“维基”技术来收集信息需求和应用摘要，以便任何人都可以查看和编辑现有的摘要或添加新的摘要。美国联邦紧急事务管理署项目资助和实施没有发生，也没有与 GEER、EERI、USGS 等近期的努力相结合。

### 3.9.3 启动条件

建设一个较强地震韧弹性国家需要更好的系统来捕获、提取和传播破坏性地震的教训。开发震后信息管理系统将是一项重要工作，需要持续多年的资金来实施一个能够具有成本效益的方式保存 50 到 100 年数据的系统。震后信息管理系统的用户需求和系统需求 / 问题包括（PIMS 项目组，2008）：

用户界面：用户希望用于发现和检索 PIMS 数据的界面。

信息需求：用户希望从震后信息管理系统获取的信息类型，包括一系列一般信息、危险数据、建筑物数据、桥梁数据、生命线数据、关键结构数据、历史数据、损失 / 社会经济数据、事前数据清单。

数据访问、隐私和安全问题：根据州和联邦法律，震后信息管理系统需要尊重数据隐私，从数据中删除个人信息，创建汇总数据集，并限制对特定类型数据的访问。

直接摄取数据：能够支持直接将数据上传到震后信息管理系统。

收集和交换数据：震后信息管理系统需要能够与各种现有的电子数据库收集和交换数据。

除了满足用户和其他利益相关者的直接需求之外，震后信息管理系统还必须解决他们对系统范围如何与其目标保持一致的隐含假设。震后信息管理系统还需要处理其运作过程中的文化、政治、技术和组织环境有关的问题。与数据收集、组织和存储、数据管理和质量保证、信息呈现、发现和检索、隐私和安全、和长期的数据保存有关的系统要求和系统级问题已经确定。

## 3.9.4 实施问题

震后信息管理系统与美国国家科学基金会的国家环境观测站类似，从项目启动到成熟运作能力的总体时间跨度为 5 到 10 年，可以分两个阶段进行（PIMS 项目组，2008）：

第一阶段 2 年内完成初步震后信息管理系统，包括开发能够从少数关键来源收集数据的初始震后信息管理系统，在不久的将来对危害事件的基本摄取和归档能力，以及一个提供数据发现和检索的简单接口。

第二阶段将需要 5 到 10 年时间，将开发更先进的、“全功能”PIMS，能够从各种来源收集数据，提供先进的数据摄取和归档工具，并提供先进的用户界面和用户数据的发现和检索。第二阶段将涉及大约 7 到 9 个试点项目，这些项目既有开发阶段，也有实施阶段。第二阶段完成后仍然需要成本维持运行。

## 3.10 任务10：减灾和恢复的社会经济研究

社会科学研究补充了地震韧弹性其他领域的研究。例如：

◉ 灾害损失估计，包括宏观经济损失估计，有助于我们了解地震问题对社会的严重程度。

◉ 心理学有助于我们理解人们如何看待地震威胁以及解决地震威胁的需求。

◉ 决策科学和行为经济学对这种威胁的个体决策的动机和谨慎性进行评估。

◉ 组织行为分析企业、政府和非营利组织的团体决策。

◉ 社会学强调个人和群体在事件后的压力下如何相互作用。

◉ 经济和金融研究有助于为项目资金分配和政策（包括保险）提供指导。

◉ 规划研究建筑环境如何通过结构性和非结构性方法以有凝聚力的方式进行改造。

◉ 政治科学阐述了各级政府如何将研究、资源可用性和争论转化为法律法规。

在灾后环境中，政府特别是地方政府，面临着相当大的期望迅速恢复正常的公众压力。然而，研究始终表明，灾后环境为减灾提供了最合适的时机，更结实重建，变更土地使用模式，减少危险区的开发，并重塑社会、政治和经济条件，进而有助于打破重复的损失循环。（Berke 等，1993；Schwab，1998；Mileti，1999；NHC，2006；NRC，2006a）。长期复苏需要时间来谨慎完成，并就如何实现降低风险和改善问题进行适当审议和公开讨论。国家地震减灾计划机构特别是美国联邦紧急事务管理署。负责许多联邦项目，向社区提供资金使之从地震或其他破坏性灾害中恢复。这一行动旨在通过促进支持提高受影响社区地震韧弹性，包括在下一次灾害之前进行减灾，确保国家地震减灾计划的任务在灾后时期更加有效。

### 3.10.1 建议措施

需要在社会科学以及商业和规划等相关领域进行基础和应用研究，以评估减轻和恢复（短期业务和家庭连续性以及长期经济和社区活力）。这些研究将审查个人和组织动机，以提高韧弹性的可行性和成本，以及消除成功实施的障碍。他们应该注重私人部门和公共部门的合适角色，并且寻求合作关系，避免一个部门削弱另一个部门的适当角色。在基础研究层面需要改进数据和模型，这将为政策规定提供坚实基础。关键的假设应该进行测试，以提供模型所需的行为内容。鼓励开展灾前减灾和灾后韧弹性的效益成本和其他评估研究，以改善国家资源的管理。

任务 8 震后科学响应和恢复研究是本节的补充。任务 11 建议建立一个观测站网络，有助于一定程度上促进这些目标，特别是在正在进行的数据收集和分析方面。然而，本部分涵盖了更广泛的活动。此外，还鼓励继续赞助个体研究人员和建立的新研究中心，以促进地震韧弹性的创新、实用工具和政策建议。

### 3.10.2 现有知识和当前能力

#### 灾害前损失预防

在减灾方面，社会科学研究进展很快。研究发现，美国联邦紧急事务管理署减灾补助金的总体收益成本比率为 4 ： 1，对地震比例为 1.5 ： 1（MMC，

2005；Rose 等，2007）。对地震比例低于其他威胁的原因是地震减灾更多地集中在挽救生命上，而不是财产损失上，而且其他威胁更容易实施减灾行动（例如收购洪涝中的房屋）。然而，这项减灾工作研究高度倾向于政府倡议，私人部门的努力需要更多的研究。重要的是克服这样一种诱惑，即市场将会引导业务决策者由于利润动机而达到最佳的减灾水平。个别决策外部效应，即一个决策者以某种正面或负面的方式影响他人的影响，在这个领域普遍存在。关于这一问题一个很好的例子就是 Heal 和 Kunreuther（2007）关于“传染效应”的研究，指出一个人在邻居不配合的情况下采取保护措施的局限性，例如在地震后发生火灾威胁的情况下。

多灾种减灾委员会的研究只是抓住了了解单个流程拨款的有效性和更广泛的减灾策略，以及总体韧弹性和能力建设拨款的表面。前者是指为地震绘图和监测系统等活动提供资金。后者涉及更广泛的整体拨款，如项目影响。这些指标难以评估，因为其数量较少，且难以衡量其有效性（Rose 等，2007）。

“为什么个人和企业不能对自我保护和保险做出理性的决定”若干年之后仍然是灾前阶段最大的研究需求之一（Ehrlich 和 Becker，1972；Jackson，2005）。一些优秀的研究已经在“有限理性”范畴下指出了决策过程的局限性（Gigerenzer，2004），包括 Kunreuther 等人 1978 年在解释人们没有购买足够地震保险方面的经典著作。如何克服这个问题需要更多的研究，包括“近视”和其他认知问题、道德风险处理以及政府政策如何激发而不是削弱个人积极性等。Smith（2008）和 Kunreuther（2007）等在灾害和恐怖主义领域的研究提供了良好的开端。

近年来，社区韧弹性研究取得了实质性进展（如 Norris 等，2008）。这项研究仍然面临挑战，也可以为寻求跨学科和综合韧弹性方法的研究人员带来许多有价值的衍生品。

个人和社区韧弹性预测模型也很有价值。一些初步尝试，类似于 Cutter 设计的脆弱性指数（Cutter 等，2003），正在研发中（Schmidtlein 等，2008；CARRI，2010；Cutter 等，2010；Sherrieb 等，2010）。

### 灾后恢复和重建

大多数灾后韧弹性活动旨在减少商业中断。几乎所有的财产损失发生在地面震动期间，但商业中断从此开始，一直持续到恢复完成。由于商业中断具有广泛的行为和政策内涵，分析变得复杂。例如，这是恢复所需的时间长度的一个因素，不是固定的，而是高度依赖于个人动机和政府政策的组合。

可以用来衡量灾后韧弹性的运行指标已经得到有效开发和应用（Chang 和 Shinozuka，2004；Haimes，2009）。研究审查了各种韧弹性在减少自然灾害和恐怖主义损失方面的相关贡献（例如，Rose 和 Liao，2005；Rose 等，2007）。然而，只有少数研究实际评估了各种韧弹性的战略成本（例如，Vugrin 等，2009）。人们会期望这些战略比灾前减灾措施成本低得多。节约越来越稀缺的投入是值得的，库存成本仅仅是它们的运输成本，而以后生产回收只需要为工人支付加班费。

## 3.10.3 启用条件——需求研究

需要进行以下领域的研究，以更好地理解个人和群体的灾后韧弹性行动：

（1）列出事件发生后可以采取实施韧弹性的行动。这涉及三个层面（Rose，2009）——微观经济（个人家庭、企业或政府实体），中观经济（整个行业或市场），和宏观经济（整个经济，包括决策者和机构之间的相互作用）。

（2）评估在事件发生前（例如建立库存、应急演习）或事件发生后（例如迅速重新安置企业，并将失去供应商的客户与失去客户的供应商匹配）可以采取增强韧弹性行动的有效性。商业中断损失程度可以降低。Tierney（1994）、Rose 等（2007）、Kajitani 和 Tatano（2007）研究指出，减少损失的潜力对于选定的韧弹性方法来说意义重大。然而,很多类型的韧弹性行动尚未得到评估。

（3）估计实施韧弹性成本。上述研究还表明，许多灾后韧弹性活动相对便宜。节约自负成本，库存只需承担运输成本，而生产重新安排只需要为员工支付加班费。仍需要更多的研究来涵盖各种韧弹性替代品。

（4）评估新兴商业连续性行业。越来越多的私人公司提供灾难恢复服务（Rose 和 Szelazek，2010）。这种恢复的专业化可能会提高恢复效率，从而减少对政府援助的需求。然而，在遵守专业标准、潜在市场、定价和小企业承受能力方面，这一行业的更广泛内涵仍有待确定。

（5）组织响应。Comfort（1999）的研究为非线性自适应系统提供了有价值的基础。该研究捕捉了机构决策过程的演变性质，包括学习和反馈效果。需要进行更多案例的研究。

（6）明确实施障碍。迄今为止，大多数关于韧弹性的研究都集中在实施韧弹性行动的理想情况下。在研究如何克服这些障碍之前，首先需要了解各种类型的市场失灵、交易成本、监管限制和有限的预见性（例如，Boettke 等，2007；Godschalk 等，2009）。

（7）确定最佳实践范例。有一些成功的韧弹性例子，比如在北岭地震之后使用备用发电机和在 9 · 11 之后的商业搬迁。研究分析潜在的问题。然而，从业者更有可能被现实世界的成功所赢得（例如，Tierney，1997；Rose 和 Wein，2009）。

（8）制定补救政策。这包括创新方法，例如使用代金券和其他激励手段促进韧弹性行动。特别关键的是研究确定公共部门和私人部门可以在那些领域相互协作以实现韧弹性，而不是相互交叉。许多人指出，政府救助对减灾和韧弹性都有一定的抑制作用，尽管这将有助于衡量这种情况发生的程度（如 Smith 等，2008）。

（9）基础设施网络易损性和韧弹性特征。恢复基础设施服务是恢复的首要需求之一。网络的特点使得这部分设施面临更大的挑战，尤其是考虑到新技术、集中化和分散化趋势以及新的定价策略。地震工程研究中心持续取得许多进展，但还需要更多的新方法（如 Grubesic 等，2008）。

（10）制定连贯的政策规划框架。这些将把城市景观中的结构性和非结构性举措结合起来以避免重复，建立一致性，发挥协同作用。

（11）公平合理的探索和研究。众所周知，地震和其他灾害对社会各阶层的影响是不成比例的。穷人、少数民族、老年人和弱者更容易受到伤害，甚至中产阶级和富裕阶层也会因为灾难而变得贫穷。灾害影响分布情况需要进一步研究。此外，还需要更深入的分析公平和合理。例如，在任何领域，无论是哲学、政治学还是经济学，对公平的最佳定义都没有达成共识（Kverndokk 和 Rose，2008）。尽管取得了一些进展，但对地震和其他灾害问题每个独特方面的探讨还有待完善（如 Schweitzer，2006）。研究将有助于唤起人们对这一典型被忽视领域的关注。当然，这不仅需要更多的研究，还需要政治意愿来妥善处理。

（12）经济评估方法一般用于衡量文化和历史“非市场”价值（例如

Navrud 和 Ready，2002；Whitehead 和 Rose，2009）。调查结果显示，个人支付意愿相当低，但需要进行研究来验证这些方法，并确定与历史价值相关的更广泛的人群，而不仅仅只是确定财产所有者（Whitehead 等，2008）。

（13）扩大生态研究。从重要性和挑战性方面来看这是一个不断扩大的领域，在这里一些初步的努力似乎是有希望的（Renschler 等，2007）。还需要做更多的工作来探索韧弹性（通常被认为是短期反应）与适应气候变化（长期反应）之间的关系。

（14）全灾种方法。虽然这通常被认为是一个有价值的追求领域，但自上一次重大进展以来，研究仍然滞后（Mileti，1999）。例如，关于恐怖主义的大部分工作还没有经过检验，以应用于地震韧弹性（如，NRC，2006a；Vugrin 等，2009）。

（15）地震长期影响。对这些影响我们仍然没有明确的评估。部分原因是由于外部因素影响超出了重建决策者的控制（如商业周期、技术变革和全球化趋势）。外部援助对本土资源的影响也很难厘清。应该鼓励建立概念框架以便更正式地分析这一问题（例如 Chang，2009，2010）。

（16）韧弹性衡量指标。能够从潜力和实践两方面衡量韧弹性非常重要。虽然已经制定了基本的指标（Rose，2004，2007；Chang 和 Shinozuka，2004）并成功应用（例如 Rose 等，2009；SPUR，2009），但还需要更多的研究以包含动态元素。最近对提高韧弹性所需各种能力指标（即预期韧弹性指标）的研究也似乎很有希望（CARRI，2010；Cutter 等，2010）。基于性能的工程与韧弹性指标之间的关系尚未提出。

（17）需求激增评估和预测。大地震后建筑价格可能会上涨。这通常是由于维修和重建的需求增加，还因为建筑材料库存和建筑设备遭到损坏。此外，由于制造商的损失，更多材料的生产可能会受到限制。这种情况会大大提高恢复成本。它涉及到在快速高价恢复以最大限度地减少商业中断损失与等待价格稳定下来以降低恢复成本之间的重要权衡。需要进行理论和实践分析来更好地理解这种现象，并对其过程进行预测。

（18）战略计划。现在已经更加重视灾后时期，重视地震灾害发生的整个时间段内的风险管理是谨慎行为。这包括仔细研究灾害之前和之后的资源相对收益。就减少商业中断而言，灾后韧弹性在成本方面似乎更具优势，因为有大量低成本的替代办法，且只有在事件发生后才需要实施（与减灾不同）。当然，减灾仍然是防止建筑物损坏和保护生命安全的最相关战略。

（19）灾后环境是一个极端环境，迫于恢复常态的压力，时间显得非常紧迫（Johnson，2009；Olshansky 和 Chang，2009）。可能需要几十年或更长时间建设的城市环境必须在更短时间内修复或重建。然而，过去地震中收集到的大部分数据常常已经丢失。如果数据收集要变得更加全面，则需要改进数据管理、归档和与现有数据的链接。

（20）虽然美国对灾后应急相关活动的领导和管理定义明确，但政府在灾后恢复方面的角色却不够清晰（NRC，2006a）。灾害恢复过程是由个人、企业和机构受到直接或间接影响后，同时做出的决定和采取的行动（Johnson，2009）。反过来，管理复苏应该是规划、组织和领导一个全面的复苏愿景，并影响许多同时做出的决定，以尽可能有效和高效地实现这一愿景（Johnson，2009）。如果没有全面了解灾后需求或恢复愿景，官僚管理方法往往是被动的、僵化的和低效的。

（21）研究一直表明，灾后环境是减灾和改善的最佳机会之一，例如提高效率、公平或舒适。政府能够产生的关键影响是愿景（通常以领导和计划的形式）和资源，最重要的是资金（Rubin，1985；Johnson，2009）。但是，恢复需要时间，并且允许就如何实现降低风险和改善问题进行适当的审议和公开讨论。而且，恢复管理人员往往受到要求他们超越信息、知识和计划的流动的压力。此外，货币数量和流通量往往与被压缩的恢复速度不匹配，也不能高效或有效地来实现长期的风险大幅降低。它也不足够灵活地满足灾后环境中不断变化的需求。

（22）近年来，研究人员提出了一些指导原则来对灾后响应和恢复的复杂性进行管理，并帮助减少与灾害有关的成本和重复性损失。灾后韧弹性（作为这些指导原则之一）意味着受影响社区有更多的分散和适应能力在灾害发生时有效控制影响并管理恢复进程，以及最大限度地减少社会动荡和减轻未来灾害的影响（Sternberg 和 Tierney，1998；Bruneau 等，2003；NRC，2006a）。

### 3.10.4 启用条件——方法和模型

需要改进数据和方法来分析和提高灾前和灾后韧弹性。这包括建立在 Cutter 和 Mileti（2006）工作基础上更广泛的数据收集。这些数据应该通过已建立的信息中心提供，例如位于博尔德的科罗拉多大学的自然灾害研究应用和信息中心（NHRAIC），社区和区域性韧弹性研究所（CARRI），以及新的知识中心，例如拟议的国家地震和其他灾害社会科学研究中心（见任务 8）。任务 9 中的震后信息管理系统必须包括关于社会和经济后果的数据。

存在很多健全的经济模型来衡量实施韧弹性行动前后的自然灾害损失。投入产出（IO）分析，除少数例外（如 Gordon 等，2009），由于其不灵活性不能胜任此任务（即不能很容易地纳入投入、国内生产与进口、行为变化之间的可替代方面）[23]。数学规划（MP）模型克服了投入产出分析模型 I-O 的一些局限性，在空间分析或技术细节非常重要的情况下非常有用（例如 Rose 等，1997）。

可计算一般均衡分析（CGE）抓住了投入产出分析模型 IO 的所有优点（例如，多部门细节、所有投入总计、注重相互依存），并通过包含行为考虑、允许替代和其他非线性关系克服了其局限性，同时反映市场和价格的运作（Rose，2005；Rose 等，2009）。宏观计量经济模型越来越多地用于分析地震和其他灾害经济后果的影响（Rose 等，2008）。相对于 CGE 模型，其优势在于基于实践序列数据，而不仅仅是对一年数据校准，并为预测未来提供了基础。迄今为止，它们在融合财务变量方面也具优势，尽管这不一定是建模方法的固有优势。

基于年龄的模型在灾害研究中越来越流行。他们检查个人动机和他们在群体内的行为。尤其擅长模拟恐慌、传染和厌恶行为（如 Epstein，2008）。他们最近被扩展应用到分析城市形态的各个方面，因此对于分析人们在替代分区和更广泛的土地使用限制下的位置决定将很有用（例如，Heikkla 和 Wang，2009）。最后，系统动态模型是代表了将各种模型组合成一个总体框架的优秀总体框架。对于地震或其他灾害各个方面而言，任何单一的建模方法都不是最好的；诀窍往往是能够成功地整合几种不同的模型（例如 Chang 和 Shinozuka，2004）。实际上，几种关于地震风险、脆弱性和后果评估的综合模型（如 HAZUS）只是系统动态模型的一个子集。

许多潜在的备选模型持续蓬勃发展，但是研究界和从业者对其进行验证的速度却相当慢（例如，Rose，2002）。进一步的验证工作将激发人们使用许多

[23] 韧弹性度量需要结合上下文，即它需要一个无弹性的世界为参考。具有讽刺意味的是，I-O 分析非常适合这一目的，因为它最能模仿灵活而不是韧弹性反应。

有价值模型的信心。

为了补充总体模型验证，需要测试这些模型中许多关于个体和群体行为的单独假设。除了本节其他地方提到的情况外，特别紧迫的是关于由于风险的社会放大而导致的个人风险认知发生变化的假设。初步分析显示，他们因威胁类型和其他因素而有所不同（Burns 和 Slovic，2009），但总的来说，会导致大大加剧商业中断损失的经济行为（Giesecke 等，2010）。另外，关于公众对改善地震预测的反应的新研究也是关键。

虽然 HAZUS（FEMA，2008）在使许多分析人员可以进行灾害损失评估方面代表了一个重要的里程碑，但其并非没有局限性。由于只有很小一部分资金专门用于直接和间接经济损失模块（DELM 和 IELM）。因此，HAZUS 存在严重的差距和缺点并不奇怪。

其中最显眼的是 HAZUS 无法估计公用事业生命线中断造成的大部分经济损失。HAZUS 只提供对公用系统组件损坏的估计。DELM 没有能力来评估对第一轮公用事业客户遭受的更大破坏。因为对 IELM 的投入用于评估整个经济的进一步连锁反应，这个问题被放大了。

我们承认这是一个具有挑战性的课题，主要是因为电力、燃气、水、交通和通讯生命线的复杂网络特征。然而，我们鼓励研究将网络数据和计算算法纳入 HAZUS 中的可行性。我们还建议考虑在软件中添加一个 HAZUS“补丁”作为临时补救措施。这种结构是作为向国会提交的关于减少美国联邦紧急事务管理署灾害拨款（MMC，2005；Rose 等，2007）报告的一部分，并进一步完善关键资产保护风险分析和管理（RAMCAP）损失估算软件（Rose 和 Wei，2007）。这些补丁利用关于经济部门生命线需求的投入产出数据提供直接和间接经济影响的合理近似值，并没有完整的网络能力。

HAZUS 直接涉及韧弹性的可以进行细化的其他方面：

（1）直接经济损失模块（DELM）中的重新获取系数适用期最长为 3 个月，没有提供更长时间的指导。随着客户寻找其他供应商和时间的推移，回收损失产品的可能性将逐渐减少。

（2）潜在的商业迁移在 DELM 估计中是隐含的，但在用户指南中只是顺便提及。用户无法确定通过平均迁移做法可以避免的影响比例。

（3）间接经济损失模块（IELM）包含几种韧弹性的来源，包括进口替代和产能过剩。实施这些选项可能会导致模型的极端作用，即参数值的微小变化可能导致影响的极端变化。需要进行更广泛的分析以确定随后的结果对参数变化过于敏感的程度和用户能力受限制的敏感程度。

尽管 HAZUS 是估算损失的有用工具，但是为了使其能够被广泛的用户访问，它必须加以简化，因为其目的是在美国的每个应急规划办公室都能使用。尤其是在各种美国国家科学基金会（NSF）地震工程研究中心（例如 Shinozuka 等，1998），在更为复杂、通常更为精确的综合评估模型方面已经取得了很多进展。这些代表了概念上和实践上的重大进展，为损失和恢复过程提供了更深入的见解。由于美国国家科学基金会对这些研究中心的支持已结束，这项研究的步伐最近有所减缓。由于这项研究的双重“公益”性质，私人企业一直缺乏支持。首先，它将重点集中在为社会提供利益且难以从所有服务中收取回报的基础设施上。其次，任何一项研究成果收益都超过了任何赞助者的价值。

要加强对减少灾后长期风险和重复性损失的领导，需要国家地震减灾计划机构的承诺和领导，并与负责许多联邦项目的联邦机构合作，为社区提供资金使之从地震或其他破坏性灾害中恢复过来。

### 3.10.5 实施问题

此处描述的实施问题与任务 8 和 11 部分重叠并基本一致。

国家地震减灾计划机构必须帮助确保灾后联邦项目包含对提高受影响社区地震韧弹性的支持。例如，美国联邦紧急事务管理署条例应该促进 406 公共援助项目的减灾资金申请的增加。

国家地震减灾计划的领导机构和工作人员还必须确保这一行动的意图与作为本研究一部分的关于社区级能力建设的建议举措相结合。试点城市项目（见任务 18）可以在受到地震或其他灾害影响的社区进行灾后启动。灾后环境将为在社区级开发和测试减灾工具提供绝佳机会。还必须努力为恢复提供灾前灾后减灾计划。让社区准备好做出恢复决定并采取行动,可以使当地恢复工作组织得更好，执行得更好。由此所节省的费用很可能与单靠结构性措施所能节省的费用相当。

联邦政府设计、资助、指导和实施所有韧弹性行动并不是一种要求；相反，更强有力的工作关系和开明的多级治理将在实践中进一步提升韧弹性。

## 3.11 任务11：社区韧弹性和易损性观测网络

研究机构已在许多场合确定了关键的数据收集障碍，它们阻碍了关于地震和其他灾害、及其对社会的影响以及社区灾害风险和韧弹性影响因素的进一步认知（另见任务 8）（Mileti，1999；NRC，2006a；Peacock 等，2008）。尤其是：

（1）目前的资助机制不允许监测灾害韧弹性和易损性的长期变化。传统的灾害研究资助包括支持收集短期灾后数据的“快速响应”基金、标准的三年期研究基金、研究中心资助的五年期研究基金。尽管这些机制已经促进了知识的重大进步，但它缺乏多年或十年时间尺度的长期监测。

（2）缺乏标准化的数据收集协议。个别调查人员的数据收集工作很少重复以前研究中使用的测量工具和方法。因此，尽管已经收集了大量的灾害事件数据，但在各种事件和研究之间进行比较、复制调查结果和得出普遍结论的能力非常有限。

（3）缺乏研究人员和从业人员之间协调和共享数据的有效机制。这不仅涉及长期性数据库，还涉及知识产权、保密性、数据归档协议等。目前收集的数据难以被广泛地共享和利用。

（4）对社区灾害易损性和韧弹性的全面、整体观点超出了个别研究范围。基于实用性原因，个别研究主要侧重于风险的具体、有限方面；然而，理解和培养社区韧弹性需要建立在许多研究基础上总结的综合知识。例如，了解社区韧弹性如何随着地震事件规模而变化是一个重要的知识缺口，需要综合许多研究。

为克服这些障碍而对研究基础设施进行投资是战略性和高成本效益的。这将促进快速发展灾害韧弹性所需的知识——促进发展的系统性和累积性而不是零散的知识库，解决基本的知识差距，并促进发展解释社区易损性和韧弹性随时间变化的模型。

### 3.11.1 建议措施

未来 5 年，国家地震减灾计划应建立一个观测网络中心——用来衡量、监测和模拟全国社区的灾害易损性和韧弹性。该观测网络将侧重于社会系统的动态以及与之相关的自然和建筑环境上。该网络将有助于有效收集、分享和使用关于灾害事件和易受灾害影响社区的数据。其活动——包括数据收集协议的标准化、数据存档、长期监测社区易损性和韧弹性（特别是在高风险地区）以及定期报告这些评估，将为促进和运用知识以减少全国的灾害风险提供重要的基础研究设施。

一个观测网络将侧重于收集与四个主要专题领域有关的数据：(1）韧弹性和易损性性;(2）风险评估、认知和管理策略;(3）减灾行动;(4）重建和恢复。

## 3.11.2 现有知识和当前能力

关于灾害社会科学中将由观测网络处理的专题领域的知识状况已在几份报告中有详尽的记录。关于研究进展的全面综述，详见：关于灾害和灾害研究的五卷第二次评估（Mileti，1999；连同相应卷，Burby，1998；Kunreuther 和 Roth，1998；Cutter，2001；以及 Tierney 等，2001），以及一份由国家研究委员会编写的记录了国家地震减灾计划（NEHRP）下的社会科学贡献的报告（NRC，2006a）。(另见本报告有关任务 8 和 10 的讨论。) 在这里，提供了一些知识进步和重要差距的例子，以说明观测网络对社区易损性和韧弹性的潜在好处。

易损性和韧弹性是理解灾害事件对人口影响的核心概念。易损性主要包括暴露性（例如居住在地震区域的人数）和物质易损性性（如建筑设计和施工）以及社会易损性性（例如获得应对地震的财政资源的机会)。正如第二章所指出的那样，灾害韧弹性是指降低风险，在灾害事件中维持功能以及有效地从灾害中恢复的能力。关键研究问题包括：哪些社区最易受灾害损失，为什么？我们如何衡量和评估灾害韧弹性？易损性和韧弹性如何随着时间而变化？造成这些模式和变化的原因是什么？

关于灾害易损性和日益增强的韧弹性的大量知识库已经形成。然而，经验研究主要是时间和空间有限的一次性案例研究。一个例外是 Cutter 等（2003）的工作系统评估了一个社会易损性指数，利用 42 个人口普查变量来确定整个美国各地高度易损的城市的集群。现在有必要将这类工作扩大到更全面地评估易损性和韧弹性；特别是将社会易损性与暴露模式、身体易损性和危险概率相结合，考虑与生态健康、基础设施、机构和社区能力的相互作用，并跟踪随时间的变化（Cutter 等，2008b）。这将需要获得关于当地建筑法规、执法实践、地震升级或其他减轻损失计划等重要因素的当地数据。与认可普查数据不同的是，这种信息在一个管辖区与另一个管辖区之间的差异很大。此外，这些信息可能会被许多研究团队在多样化的、面向本地的项目中收集。此外，许多研究小组可能会在各种面向当地的项目中收集这类信息。因此，研究界必须制定和利用标准化的、通用的数据收集协议和工具，并分享在共享存储库中获得的数据。

有关风险评估、风险感知和管理策略方面的知识也是提高国家地震韧弹性的基础。风险评估是指技术专家对潜在危险事件可能造成的后果进行的估计，通常来自正式的概率模型。（另见关于地震情景和地震风险评估的任务 6 和 7）。然而，个人、组织和社会团体如何看待风险，往往不同于专家对风险的评估。正如 Peacock 等（2008，第 9 页）所指出的那样，“风险管理战略……要求制定兼顾风险评估和认知的政策，包括经济激励措施（如补贴和罚款），保险、补偿、法规（如土地使用限制）以及严格执行的标准（如建筑法规）……和……往往需要公私合作。”主要研究问题包括：利益相关者（例如居民、社区领导人、当选官员）的风险感知在不同社区之间以及随着时间推移有何不同？灾害的实际经验如何影响风险感知和改变风险相关行为？这些变化持续多久？保险在社区内不同社区和群体中的流行程度如何，这种情况随着时间的推移会发生怎样的变化？如何解释积极主动行为的差异？

社会科学对这些问题的认识取得了重大进展。从多个而不是单一的案例研究中得出一些见解的尝试已经开展了一些：例如，Webb 等（2000）对五个社区的企业进行了持续设计的大规模调查，其中一个社区没有经历过重大灾害（孟菲斯 / 谢尔比县，田纳西州），其他四个（美国内华达得梅因市、加利福尼亚州洛杉矶、加利福尼亚州圣克鲁兹县和佛罗里达州南达德县）。他们的调查包括商业备灾及损失和恢复。尽管这一系列的研究是开创性的，但在设计上却是横向的而不是纵向的，“因此不可能跟踪随着时间的推移而发生变化”（Webb 等，2000；第 89 页）。不同案例的调查结果也有很大的差异，这表明需要更多的案例以更好地理解差异的模式。该研究侧重于组织、特定对象和社区因素，这些因素有助于备灾（例如，商业规模和灾害经历）。结果表明，这些因素本身只是对行为的部分解释；还必须考虑其他多重和复杂的影响，例如企业主的决策过程。这些局限性——缺乏纵向视角、社区样本少以及对风险相关行为的部分而非整体解释——仍然是重要的知识缺口。

灾前减灾行动（包括通过建筑规范、结构性和非结构性改造以及土地利用规划来应对地震风险）是长期减少地震损失的主要手段。基础研究问题包括：哪些因素影响家庭、企业和地区采取减灾措施？不同社区在多大程度上开展了减灾行动？哪种减灾措施最具成本效益？保险和其他项目如何促进减灾？计划和规划进程（如 2000 年《减灾法》规定的国家减灾计划和鼓励的地方减灾计划）在减少易损性和韧弹性方面的效力如何？不同类型的法律和立法背景如何影响减灾行动？

虽然许多研究给出了从个人到州政府的各种规模的减灾决策，但很少有研究严格评估减灾的有效性和成本效益。在一项关键研究中，多灾种减灾委员会最近进行的一项由国会授权的独立研究，用以评估各种减灾行动的今后结余（MMC，2005 年；另见上文任务 10）。这个具有里程碑意义的研究集中在 1993 年至 2003 年的数据上，发现联邦应急管理局的自然减灾拨款计划具有成本效益，并以减少未来自然灾害损失的形式带来了可观的净效益。平均来讲，美国联邦紧急事务管理署每一美元的减灾补助资金可带来四美元的社会储蓄。然而，仍需要进一步了解具体减灾措施的成本效益以便为政策提供信息。报告结论是（MMC，2005，第 6 页）：

持续分析减灾行动的有效性对于建设韧弹性社区至关重要。研究经验强调，需要更系统收集和评估各种减灾方法，以确保这些来之不易的经验教训被纳入灾害公共政策中。在这方面，灾后实地观察是很重要的，需要采用以统计为基础的灾后数据收集来验证成本高、数量多、效果不确定或者效益较高的减灾措施。

重建和恢复能力代表了灾害韧弹性的一个基本方面，但人们普遍认为它是灾害周期中最不为所知的阶段（Tierney 等，2001；NRC，2006a；Peacock 等，2008；Olshansky 和 Chang，2009）。关键问题是：为什么一些社区比其他社区恢复得更快、更成功？各社区的恢复轨迹如何因灾害事件的类型和规模、初始破坏条件、社区的特点以及重建和恢复过程中的决策而有所不同？在灾害恢复过程中谁赢谁输？不同类型的减灾和恢复资源是如何影响家庭和企业的恢复的？什么类型的决策和策略对恢复最为关键？灾害是如何长期影响社区的？

目前，关于灾后恢复的认知已经通过对个别灾害案例的研究发展起来，非常需要系统的数据收集："事实上，如果没有足够的我们社区关于家庭、住房、企业和其他组成部分的短期和长期恢复的数据，开发和验证社区韧弹性模型或评估恢复政策和规划的有效性仍将是详细推测而已”（Peacock 等，2008，第 11 页）。一项研究试图开发一个社区灾难恢复计算机模型原型（Miles 和 Chang，2006；另见 Olshansky 和 Chang，2009），以说明案例研究文献中提出的许多因素和相互作用。该模型模拟了在不同条件下恢复轨迹可能的变化。研究发现，“缺乏数据和经验基准是一个重大挑战。从开发定量数据和恢复指标的角度来看，没有足够的灾害事件进行系统的研究……此外，数据很难获得，通常会不一致且不完整，且通常收集费用很昂贵。”（Olshansky 和 Chang，2009，第 206 页）

## 3.11.3　启动条件

需要建立一个关于社区韧弹性和易损性的观测网络，类似于在环境科学领域建立的观测网络。美国国家科学基金会于 1980 年建立的长期生态研究（LTER）网络就是一个典型的例子。LTER 网络目前包括 26 个位于从南极洲到佛罗里达沼泽地多种生态系统站点[24]。在这些景观中，研究人员一直在研究类似的科学问题、分享数据和综合生态学概念。近年来，国家科学基金会还建立了国家生态观测网（NEON）[25]，为支持与气候变化影响和其他大规模变化有关的大陆尺度生态学研究，提供基础设施和一致的方法。它还支持环境研究的大型工程协作分析网络（CLEANER）（NRC，2006c）。在地震领域，地震工程模拟网络代表着对用于实验和计算研究的全国分布式工程设施网络的大规模投资。

[24] 参见 www.lternet.edu.

[25] 参见 www.neoninc.org

为了解决人类社区（如城市）灾害易损性和韧弹性问题，需要利用时间和空间上一贯采用的方法建立一个国家观测网，同时注意社会系统、建筑环境和自然环境变化之间复杂的、基于地点的相互作用。2008 年 6 月，美国地质调查局和美国国家科学基金会主办了一个研讨会，概述了这个网络的目标、研究议程、数据收集原则、结构和实施情况，并称之为韧弹性和易损性观测网络（RAVON）（Peacock 等，2008）。与会者一致认为，该网络应该以自然灾害为重点，促进跨学科研究，促进比较研究，并强调社会易损性问题。委员会支持建立该网络，认为这是未来五年实施《2008 NEHRP 战略规划》的优先行动。

这样的网络将由一系列研究节点组成，至少包括以下三种类型：

◉ 区域节点。区域中心协调研究人员（来自区域内外的）收集区域中心有关特定地理区域的数据。这样的中心可以协调活动，并与地区政府、非政府组织和社区团体紧密合作。这些节点可以战略性地位于该国易受灾害地区，预先做好准备以便对受到自然灾害损害的社区进行快速灾后研究。

◉ 专题节点。与观测网络直接相关的现有中心可以作为专题节点。可以包括研究中心（例如博尔德的科罗拉多大学自然灾害中心，已经提供信息交换服务，并为研究和实践社区召开年度研讨会）以及像美国地质调查局这样已经在全国开发灾害和风险空间数据库的任务机构。提议的国家地震和其他灾害社会科学研究中心（上述任务 8）也将作为一个关键节点。

◉ 生活实验室节点。可以在受重大自然灾害影响的社区建立节点，以便收集和评估长期的灾害影响和恢复的数据。

这种网络的核心活动将包括：

◉ 制定和分享标准化定义、计量规程、工具和策略，以便在多个社区和灾害中收集数据。

◉ 开发纵向数据库并将其归档，以便分析和模拟韧弹性和易损性随时间推移的情况。

◉ 支持研究人员调查新的灾害事件。

这些活动将与“震后科学响应与恢复研究”（任务 8）、“震后信息管理系统”（任务 9）的数据收集和分享能力、以及减灾和恢复的社会经济学研究（任务 10）紧密地联系在一起。

该网络的观测范围应该是多种灾害，包括但不限于地震灾害。假设该网络的许多节点在地理上分布在美国的各重大地震危险区。然而，有些节点可能位于地震风险较低但飓风、洪水或其他灾害风险较高的地区；例如，可以在从灾难性飓风中恢复过来的地区建立一个“实时实验室”节点。

这种多重灾害的重点在于两个有利原因。首先，由于大地震不经常发生，因此利用其他类型的灾害教训非常重要。与某些技术知识领域（如地震学或地震工程）相比，对于与社区的社会性和经济易损性和韧弹性相关的问题来讲，地震和其他灾害之间存在许多共同之处。有关地震易损性和韧弹性的认知可以通过对多重灾害的研究来更快地推进，而不是完全侧重于地震。与此同时，应利用地震易损性和韧弹性的资料和认知来提高地震易发社区抵御其他类型灾害的能力。因此，该网络应该是一种能促进跨灾害数据共享、对比研究和政策分析的结构。

## 3.11.4　实施问题

实施分布式网络可能需要一个多年、分阶段的过程。这一过程可能涉及许多挑战和相关的机会：

（1）建立一个有效的治理和决策结构；

（2）制定一个有效的分阶段实施计划；

（3）与现有的从事灾害易损性和韧弹性数据收集的研究中心和组织进行整合，避免重复工作；

（4）确定并建立新的网络节点；

（5）制定能被广泛接受的标准化数据收集工具和协议；

（6）解决个体研究者主导的研究与研究共性需求之间的紧张关系；

（7）为数据存档和共享建立有效的基础设施和协议，包括解决数据保密和知识产权问题；

（8）建立可持续的网络长期融资机制；

（9）将研究成果与减灾实践结合起来。

委员会支持由美国地质调查局（USGS）和美国国家科学基金会（NSF）组织召开的 RAVON 研讨会提出的整体实施阶段（Peacock 等，2008）。研讨会建议在前 5 年：

第一阶段：通过竞标，初步建立 5 ~ 6 个节点（每年 40 万美元）；

第二阶段：成立指导委员会，由第一阶段节点的主要调查人员组成。指导委员会将制定网络的宪章和章程，并协助美国国家科学基金会选择其他节点。技术小组委员会将负责制定数据收集和相关协议。公开竞争后，将增设大约 3 ~ 5 个有网络连接授权的节点。

在前 5 年后，网络指导委员会可以选择建议关于进一步扩展网络的第三阶段。

# 3.12 任务12：地震破坏和损失的物理模拟

地震破坏物理模拟的目标是使用完全耦合的数值模拟(所谓的端到端模拟)来代替对地震动、非线性场地和设施/生命线响应和破坏以及损失非耦合的经验计算，后者使用经验证的材料和构件的数值模型。目的是大大提高建筑环境中新旧元素和系统的地震响应、破坏和损失计算的准确性，减少不确定性。

## 3.12.1 建议措施

通过开发和实施经过验证的建筑环境材料、组件和元素的多尺度模型，以及使用高性能计算和数据可视化，来推进所有学科的工程设计实践。

通过整合任务 1、13、14 和 16 中获得的知识，并使用端到端模拟“运作”集成产品，最大限度地发挥国家地震韧弹性能力。

## 3.12.2 现有知识和当前能力

现有和计划的基于性能的建筑环境地震工程工具涉及地震地面运动、场地(土壤)响应、基础和结构响应的一系列非耦合分析如下：

使用经验预测地面运动模型来估计在设施或生命线下裸露岩石受地震动(使用光谱测量)的影响。这些模型聚合了 P、SH 和 SV 波的影响；但六分量加速时间序列没有给出。

场地响应计算通常涉及从裸露的岩石到包括地表在内的自由场的 SH 波垂直传播(地震动)。输入到土柱中的 SH 波时间序列与裸露岩石的特征谱相匹配。利用等效线性特性对柱中的土层进行建模。现场响应分析的输出是自由场中的响应谱。

工程计算是利用材料的经验模型（如土壤、金属、混凝土、聚合物）和构件的简化宏观模型（如钢梁和钢筋混凝土柱）进行的。

材料和构建的模型是在对有限的测试数据进行回归分析的基础上建立的，对基本物理过程的理解有限。材料承受任意机械和热负荷的统一模型是不存在的（但建议在其他任务中可以发展）。

设施和生命线响应（破坏）计算通常是使用结构构件的经验宏观模型进行的，这些结构构件被组合成一个基础设施 / 生命线数值模型，并与特征谱兼容的地震地面运动输入到地面数值模型中。非结构构件和组件被视为级联系统。结构和非结构构件的脆性函数使用最大（横向）层间位移和峰值水平地面加速度的简化需求参数。

损失是利用最大计算响应、脆性数据和结果函数在构件级别上计算的，并简单地在设施 / 生命线的宽度和高度上汇总。

地震学家和地震工程师对模拟断层破裂和地震波在岩石、土壤和建筑结构中的传播进行了广泛的研究，这些研究结果开始被耦合到端到端的模拟中（Muto 等，2008）。然而，在这些计算中通常使用土壤和结构 / 设施 / 生命线的经验线性模型，并且需要包含非线性效应的更好的模型。南加利福尼亚地震中心和其他组织正在研究适应基于物理模拟的计算框架；该网络基础设施是这项任务的使能技术。

### 3.12.3 启用条件

稳健的多尺度非线性模型是工程科学的未来。这些模型从岩石和土壤断裂结构的耦合代表了专业设计实践的未来。实施地质和结构构件及设施框架系统的完全耦合、非线性宏观模型，将使专业人员能够超越可靠性未知的经验模型。发展和实施这些下一代模型、工具和程序所需的基本科学和工程知识包括以下项目：

非均质地下结构的地震产生和传播是一个非常复杂的过程，很难观测到。需要一个全面的研究计划来更好地描述震源及其产生的强地面运动，如任务 1 所述。

设施或生命线常常建造在不同深度和宽度的三维异质土壤盆地上。每个盆地都经历体波从土壤盆地边界上的岩石传播，其中边界上的波随位置和时间而变化。当体波撞击地球表面时，每一个盆地都产生面波。盆地中的土壤是高度非线性的，并且可能随振动的幅度和持续时间而流动（液化）。如其他任务所述，美国国家科学基金会和美国地质调查局应该发展技术来绘制深度的非均质地质结构以及土壤和岩石的多尺度和多相位模型，以使地震波从震源传播到设施 / 生命线。应该使用美国国家科学基金会（NSF）- 地震工程模拟网络（NEES）基础设施从大规模的测试中验证多尺度和多相位模型。

设施或生命线的响应（破坏）取决于许多因素，包括土壤中埋深，设施 / 生命线的平面尺寸上的体波和面波的时空分布，地震波散射，相邻结构的大小和质量，用于计算响应的结构和非结构构建的数值模型以及分配给每个构建的损坏函数。 如其他任务所述，美国国家科学基金会应资助研发用于古代的、现代的和新型高性能材料的多尺度本构模型，并使用美国国家科学基金会—地震工程模拟网络基础设施的大型构件的测试数据将这些本构模型转化为验证的滞后宏观模型，如任务 13 和 14 中所述。

计算人员伤亡、维修费用和商业中断需要完整的信息，包括结构和非结构构件由于失效而遭受的破坏分布情况，以及破坏的后果（伤亡、维修费用和商业中断）和后果如何在设施 / 生命线的宽度和高度上聚合。美国联邦紧急事务管理署应该通过数值研究和使用美国国家科学基金会—地震工程模拟网络（NEES）基础设施的大规模测试相结合，为建筑、桥梁和基础设施的古代和现代构件研发组件级脆性功能提供资金。必须制定稳健的策略，将组件级后果纳入系统级损失的估计。

完全耦合的物理模拟必须包括对不确定性和随机性的正规处理。完成蒙特卡洛模拟计算量方面将代价不菲。因此必须为端到端模拟研发有效数值技术。

在生命线设施中，从破裂点到结构和非结构构建的响应，任何完全耦合的物理模拟计算都很昂贵。美国国家科学基金会应该持续发展高性能的计算能力来支持这种模拟，供研究人员、设计专业人员和决策者今后使用。

完全耦合的物理模拟将生成万亿字节甚至千兆字节的数据。美国国家科学基金会和美国地质调查局应该研发分析和可视化工具来处理大量的数据并能够及时做出决策。

## 3.12.4 实施问题

描述建筑环境对断裂响应的物理模拟是在有限的基础上进行的（Olsen 等，2009；Graves 等，2010）。用于土壤和结构构件的本构模型是经验的和线性的。用其他任务中描述的多尺度非线性模型代替经验线性模型将代表美国工程科学和实践的范式转变。这项任务的成功执行取决于任务 1、13、14 和 16 中所述的基础科学和工程的资金筹措。

实施完全耦合物理模拟所面临的一个主要挑战是对下一代工程师和科学家

的跨学科教育，他们必须是地球科学和物理学、工程力学、地球技术工程和结构工程方面的专家，才有资格进行这些模拟。大学课程必须改变。研究成果必须迅速传播给学术界，以便纳入研究生的课程。

## 3.13 任务13：现有建筑物评估和加固技术

建筑物没有充分考虑到适合其位置的地震影响，这在国家遭受地震的风险中占主导地位。这些建筑物可能是易受地震影响，因为它们是在其所在区域抗震规范实施之前建造的，所使用的规范尚未成熟，或者已知的地震威胁比设计时要大。此外，对震后响应和恢复至关重要的建筑物（例如，医院、消防站、急救中心）的设计规定可能无法充分发挥预期功能。尽管生命线对社区韧弹性至关重要，但建筑物及其内容的破坏费用以及由此造成的商业中断或停工通常是大地震造成大规模总经济损失的主要原因。此外，在美国地震中的最大生命损失威胁是由现有的建筑物造成的。然而，在短期或中期内，更换或加固我们大部分易损性建筑物并不可行。目前的评估方法无法确定哪些建筑物的性能可能使个人或社区无法达到适当的韧弹性，从而无法制定有效的综合减灾计划。同样，目前的改造设计标准虽然 以性能为导向，加上目前采用的施工技术，可能无法为目标性能提供足够的可靠性和经济性。

近期内完善评估方法至关重要，以便更准确地确定性能不佳的建筑物，并向工程师提供工具和程序，以便对这些建筑物进行经济加固。预计在 ATC—58 项目[26] 中研发下一代基于性能的设计会提供这样的能力，但完善这种方法并广泛使用以提供标准进行评估和加固需要 10 年或更长的时间。这项任务中

[26] 参见 www.atcouncil.org

的许多行动也将适用于任务 14。

## 3.13.1 建议措施

进行综合实验室研究和数值模拟，以大大提高对古代材料、结构构件和框架系统非线性响应的认识。

开发可靠、实用的分析方法，预测可靠程度已知的现有建筑物的响应。

改进协商一致的地震评价和恢复标准，以提高有效性和可靠性，特别是在预测建筑物倒塌方面。

制定已知可靠性的简化评估方法。

## 3.13.2 现有知识和当前能力

当 FEMA 启动减少现有建筑物地震危险的计划（Program to Reduce the Seismic Hazards of Existing Buildings）时，现有建筑物的地震风险问题已提升到国家层面。描述该方案主要内容的行动计划是 1985 年在阿兹市坦佩举行的一个研讨会上制定的（FEMA，1985A，1985B）。虽然该方案产生了许多有用的中间文件（参考清单），发布 ASCE—31 “美国国家地震评估标准”（ASCE，2003）和 ASCE—41 “地震韧弹性标准”（ASCE，2007）实现了其初始目标。尽管这些标准在建筑规范中被引用，并在国内外得到广泛应用，但对于许多老旧材料、构件和框架系统的非线性性能依然认识不足，且这些标准中的大部分构件建模和验收标准都是基于工程判断。也许更值得关注的是几个使用 ASCE—31 的多种建筑评估结果表明 70% 到 80% 的旧建筑未能达到抗震安全标准（Holmes，2002；R&C，2004）。美国过去的 60 年有限的地震经验并不确认这些结果,更重要的是,将 70% 至 80% 的旧建筑翻新或加固是不切实际的。

此外，有迹象表明符合 ASCE—41 标准的加固过于昂贵，且可能是偏于保守。目前，国家标准和技术研究所结合新建筑的设计要求，开展校正 ASCE—41 规定的加固标准的研究。最近其他研究（FEMA，2005）表明，根据“推越”技术，ASCE—41 建议的主要分析方法的使用应限于低层建筑，可能不超过三层。虽然 ASCE—41 的下一个更新周期已经开始，但如果没有一个大型构件和系统测试的数据体系，没有适合现有建筑物计算机分析的新的结构构件数值模型，没有有效且足以预测古建筑从早期破坏到倒塌的地震响应的评估程序，就无法严格解决这些重大缺陷。。

一些古代的结构框架系统的修复技术得到了改进，一些创新技术得到了发展，例如使用纤维增强塑料（FRP）包裹和涂层以及增加阻尼，但成本和商业中断仍然是大规模地震修复的主要障碍，而这种地震修复是大幅度降低我国地震风险所必需的。加固成本通常与新建整体相当,在特殊情况下(如历史建筑)，加固成本可能比新建成本高几倍。美国联邦紧急事务管理署文件 FEMA—547“现有建筑地震恢复技术”（FEMA，2006）中描述了最常见的加固技术，但需要对工程师和其他利益相关者进行更全面的培训,使其了解整个加固过程，从而大大降低现有建筑物的风险，特别是在风险低于西海岸已知断层地区。

## 3.13.3 启动条件

改善这一重大减灾活动所需的许多基本知识需求和执行工具与推进基于性能的地震工程所需的知识需求和执行工具相似。然而，社区最近的研究已经确定与现有建筑物具体相关的活动。ATC—73（ATC，2007）包含研究建议，

ATC—71（ATC，2009a）提出了一个实施的行动计划。以下建议主要借鉴于这两份出版物：

◉ 建立与现有建筑物相关的协调研究方案。地震工程模拟网络设施提供大部分硬件来完成所需的物理测试，但这需要的资源远远超过美国国家科学基金会（NSF）目前支持的资源。数值模拟必须与物理测试相结合，需要来自美国国家科学基金会、其他联邦机构、城市和州机构以及行业的额外支持。

◉ 为现有建筑物的结构和非结构部分编制脆弱性数据，以便长期支持基于性能的地震工程的发展和利用，并在短期内利用现有的加固程序改进决策。

◉ 提高倒塌预测能力。

◉ 对整栋建筑结构 / 非结构系统进行全面或大规模的振动台测试。

◉ 对现有建筑物及其构件进行广泛的实地测试错过了许多测试预定拆除的建筑物的机会。应启动一项针对此类测试的方案，并向业主提供激励。

◉ 目前的分析程序往往预测的失效概率高于震后观测的失效概率，特别是针对短周期建筑物。输入震动强度的土—基础—结构相互作用效应可能有助于解释这些观测结果。需要在这方面进行研究，特别是结构和地面的横向解耦。

◉ 研发更加针对具体缺陷的加固方法，比现行实践标准更便宜、更具侵入性。在撰写本文时，有一些正在进行的项目试图找出有缺陷的建筑物，并量化其暴露程度，包括 EERI 混凝土协会以及根据 NEESR 计划由美国国家科学基金会资助的研究项目。必须仔细挖掘这些项目成果，以更新以前对国家建筑存量易损性的估计。

◉ 研发原位结构材料和构件无损检测技术，创建分析所需的隐形几何数据方法。

◉ 在木结构建筑系统 ATC—50 项目基础上，研发一个全面的、非专有的建筑评级系统。几十年来,人们一直建议这样一个系统使地震安全“进入市场”,几乎每一个与地震安全有关的研讨会都讨论过这个问题。建立可靠评级系统的分析工具可能很快就会出现。其他与此类系统的管理和质量控制有关的问题也必须得到解决。

◉ 研发统一的方法将测试数据转换为验收标准，以便与当前的分析和加固设计方法一起使用。

◉ 收集、整理和归档所有地震区域的建筑物清单数据，以利于区域损失估算，并集中研究最常见的高风险建筑和结构类型。

◉ 根据地震破坏数据和新建筑的性能预测来校准评估方法和破坏状态预测。

◉ 根据新建建筑物的性能预期来校准加固标准和技术。

◉ 明确 ASCE—31 和 ASCE—41 中的结构和非结构性能目标，在定义中纳入不确定性。

◉ 增加项目将研究成果转化为实践，并利用最新的实践共识标准对工程师和其他设计工程师进行培训。

◉ 制定方法跟踪所有入住类别和每个地震区域内现有缺陷建筑物更新或加固情况。

◉ 根据区域地震活动和居住情况，提出适当的非结构系统加固建议。

◉ 支持更新评价标准和准则、改进加固方法和加固技术，并酌情制定新标准和准则。

◉ 制定方法衡量区域现有建筑物对社区韧弹性的正面或负面贡献。

◉ 将可持续性的概念，包括嵌入式能源的保存，纳入现有建筑地震问题的各方面。

· 鼓励对社区人员进行教育提高其对地震安全和社区韧弹性兴趣这样降低风险的项目，例如对学校和社区应急响应建筑进行评估。

### 3.13.4 实施问题

与有效实施改进的评估和加固技术以及更广泛地有效减少现有建筑物风险有关的问题，包括以下项目：

◉ 缺乏对旧建筑物在生命安全方面的重大风险认识，也许更重要的是这种风险与社区韧弹性直接相关。

◉ 缺乏对工程师和其他设计专业人员，尤其是建筑师、规划师和建筑官员的培训，在地震事件较少发生的地区，这应是最优先考虑的问题。

◉ 缺乏对现行标准和技术的成本效益的信心。

◉ 缺乏以知情利益相关方反馈为条件的综合研究和应用方案。

建立一个能自动评价地震性能的建筑物评级系统的概念是很好的，但这种系统的正规化和实施将很困难。美国绿色建筑委员会和 LEED 评级体系可能会提供一个有用的模型。

由于很难建立包括普遍存在的具体地震缺陷在内的准确的盘存清单，因此无法有效地确定建筑物的结构类型，以便进行更新或加固。

## 3.14 任务14：基于性能的地震工程

基于性能的地震工程使决策者能够针对建筑环境的构件在韧弹性（生命安全、修复成本和商业中断）方面明确易损性水平。基于性能的地震工程取得的进展将有助于新建和加固建筑物、生命线和地质结构的设计工具、规范和实践标准的发展，建筑评级体系，区域损失估计，特定结构的损失估计，面向个体所有者、社区、企业和政府的地震决策工具，以及组合分析。

### 3.14.1 建议措施

推进基于性能的地震工程，以改进设计实践，为决策者提供信息，修订建筑物、生命线和地质结构的规范和标准。

### 3.14.2 现有知识和当前能力

建筑物和其他结构的地震动设计最初是为了避免倒塌和防止碎片落入相邻的街道。第一个设计规则是基于对日本、意大利和美国破坏性地震中结构性能的观测，估算出所需的横向强度，但几乎没有任何科学依据。持续观测在强烈地面震动下结构性能以及对动态结构对震动响应的理解逐渐提高，使得这些设计规则在过去60年中得到完善。在此期间，抗震设计的性能目标仍然是“生命安全”，尽管这个术语定义很模糊。被认为重要的建筑，如核电厂、关键桥梁和震后应急建筑，其设计目的是通过使其更加坚固来控制或最小化破坏。然而，今天大多数建筑物和结构的抗震设计都依赖于设计规则，而不是在预期震动下对结构进行分析来估计破坏。

已知许多旧的预编码建筑物和结构是高风险的，但是新建筑物和其他结构的设计规则很难或不可能应用于降低这种风险。为此制定了新的规则，通常是针对特定的结构类型（例如未加固的砖石砌墙建筑物），并承认这些加固后的建筑物和结构的抗震性能不等于新建筑的抗震性能。随着加固变得越来越普遍，在工程成本和中断与预期性能之间进行权衡被认为是减少地震风险的必然特征。当美国联邦紧急事务管理署资助的为现有建筑加固正式工程准则的项目始于 1989 年（ATC，1994）时，建议规则和准则具有足够灵活性，以适应广泛的当地、甚至具体建筑物的减少地震风险政策。由此产生的文件 FEMA—273“NEHRP 建筑物地震恢复准则”（FEMA，1997a）包含了不同的性能水平，包括操作性、即时占用、生命安全、防止倒塌和建筑物抗震设计以达到预期的性能，而不是规定性的规则，开始在设计专业团体获得支持。由于这些发展，这一重点领域与上述任务 13 密切相关。

分析能力的提高和对以性能为目标的抗震设计的需求日益增加，促使由 FEMA 资助的项目为建筑物的性能设计制定了指南。该指南完成后，任务最初确定的预算需求显著减少。ATC—58 项目的重点是计算维修费用、商业中断时间以及因地震动建筑物内可能的伤亡。这些计算的各个方面都有很大的不确定性，包括预期地面运动强度，地面运动确切特征，计算机模型和分析方法的准确性，结构框架、非结构构件和建筑物内容破坏性，以及这种破坏的后果。准则将明确地考虑所有这些不确定性，从而形成一种相对复杂的方法，且必须加以简化以便实际使用。该准则（ATC，2009b）50％的草案可从应用技术委员会获得[27]。

地基结构是建筑环境的重要组成部分，包括堤坝填埋场。对这类重要的结构而言，基于性能的设计和评估工具是不可用的。此处，“建筑物和其他构筑物”采用 FEMA P—750“新建筑和其他构筑物抗震设计的 NEHRP 建议规定”（FEMA，2009b）定义，工业和发电设施通称为构筑物，生命线包括桥梁、交通网络以及如上所述的地基结构。地震引起的地面变形包括地表断层破裂、滑

[27] 参见 www.atcouncil.org

坡、液化、横向扩散和沉降。

### 3.14.3　启动条件

推进基于性能的地震工程所需的基本知识需求和实施工具包括以下项目，其中许多项目在《支持全面实施基于性能的抗震设计所需的研究》（NIST，2009）中进行了明确。

◉ 美国国家地震监测台网应充分部署和维护（参见任务 2），以提高对地震波传播、盆地效应、局部土壤效应、地面运动非连贯性、潜入效应、波散射、地面变形以及土—基础—结构相互作用的认识。

◉ 需要卫星和激光雷达对断层轨迹、易发生液化和塌方的区域以及古地震研究进行成像，以更好地描述震源和影响。

◉ 基于性能的抗震设计和评估用于（并将继续用于）地震灾害分析结果，表征了地震动影响。美国地质调查局应该使用有关地震地面运动、断层和预测关系的新知识来持续更新国家地震危险区划图和相关的基于 Java 的面向设计的应用程序。

◉ 基于性能的地震工程需要地面振动和变形的预测模型。在国家地震数据稀疏或不存在的地区，应采用地震物理模拟建立或增强数据集。美国地质调查局应为液化（包括横向扩展和沉降）、地表断层破裂和滑坡趋势研制城市灾害图（“城市”延伸到加利福尼亚沿海以外；见任务 4），以补充可用于地面震动的地图。

◉ 过度的地面变形可能会破坏地基、生命线和地理结构。需要强大的分析程序来预测地面变形及其对建筑环境要素的影响。应该使用美国国家科学基金会—地震工程模拟网络基础设施进行减轻液化影响的技术研发和验证。

◉ 场地响应分析工具在确定性场地类别系数和非线性场地响应分析之间的复杂程度范围内。ASCE—7（ASCE，2005）提供的确定性场地类别系数是近似值，且基于有限的数据，仅严格适用于西海岸站点。非线性场地响应分析采用本构模型对土壤进行分析，该模型在精确度和验证程度上有所不同，特别是对与预期的近活动断层的剧烈震动相一致的变形。日常设计和性能评估离不开适用于美国各地站点改进的站点类系数。为了进行稳健的非线性场地响应分析，需要改进土壤的本构模型。

◉ 土壤—基础—结构相互作用可以显著改变结构的地震响应。需要先进的时域和频域仿真算法、代码和工具来进行离散结构和结构簇（密集的城区）的分析（1 维、2 维和 3 维），以精确评估性能。改进的土壤本构模型将支持这些模拟。必须为方案设计和地震性能评估制定处理土基结构相互作用的简化准则和工具。

◉ 基于性能的抗震设计和结构评估通常涉及一系列三分量地震加速度时间序列。对于如何选择和放大这些时间序列没有达成共识，也没有唯一的方法可以广泛应用。最佳程序可能随着地震强度、地理位置（地震灾害）、当地土壤条件、结构的动力学特性以及邻近结构而变化。必须制定可靠的程序来选择和测量地震地面运动，以设计和评估结构、生命线和土方结构。

◉ 通过分析一个数值模型来完成性能和损失计算。结构的数值模型是结构和非结构构件模型的集合。对于使用基于物理的本构微观模型的现代和老旧结构构件以及使用美国国家科学基金会—地震工程模拟网络基础设施测试大型构件和系统的数据，需要改进滞后模型。构件模型应该能够追踪任意加载下的行为，直至失效。

◉ 现有基于性能的地震工程程序，如 ASCE—41—06 中的现存建筑地震恢复（ASCE, 2007），尚没有适当的基准。很多工程师认为这一程序比较保守，使用它会导致不必要的建设开支，从而妨碍了自愿性地震恢复。ASCE—41 程序的可靠性是未知的。由于这些程序在近期内不会被取代，所以需要使用地震数据和其他评估方法对程序进行系统的检查。

◉ 抗震设计规范和标准旨在防止倒塌（结构、生命线）或灾难性失效（土建结构）。坍塌或失效可能导致灾难性的财产和 / 或物质损失。当前的坍塌计算方法尚未得到证实，可能是不可靠的，因为触发坍塌或失效的机制还不清楚，且构件和本构材料模型不能通过失效追踪行为。需要对数值建模工具进行大量改进，以进行坍塌计算。这些工具必须通过使用美国国家科学基金会—地震工程模拟网络基础设施对系统进行小规模和全面的物理模拟来验证。

◉ 损失计算使用现代和古老结构和非结构构件中的脆性和结果函数。构件和程序集这类功能的数据库很小，必须通过使用美国国家科学基金会—地震工程模拟网络基础设施的协调数值实验模拟及研究人员和设计人员之间的合作来扩展。

◉ 美国联邦紧急事务管理署为建筑物基于性能的抗震设计 ATC—58 项目开发的损失估算工具是基本的（ATC, 2009b）。必须为结构改进损失估算工具，并扩展到解决与地面变形、地震后的火灾以及与地震引起的破坏相关的碳排放的损失。美国国家标准与技术研究院（NIST）最近的一项研究开发了一个研究议程，以充分实现 ATC—58 项目（NIST，2009）设想的基于性能的抗震设计的优点。

⊙ 在地震动强度范围内的代码一致性结构的预期性能是未知的。应使用ASCE—41—06 和 ATC—8 草案等性能评估工具评估符合规范的现代建筑物可能性，因为这种性能取决于框架系统的类型和高度、当地土壤状况和地理位置（地震灾害）以及今后对设计规范和标准的修订。

⊙ 在 ATC—58 项目中开发的基于性能的地震工程框架应扩展到解决地面变形和洪水的影响，并扩大范围，以便设计和评估非建筑结构，包括生命线、土建结构和防洪系统。

⊙ 非结构构件和内容占结构投资的大部分，但是没有针对这些构件和内容的基于性能的抗震设计程序。应该参考美国核管理委员会在过去 20 年中完成的工作来研制这样的程序。

⊙ 建筑材料和框架系统与 50 年前相比基本没有变化。智能 / 创新 / 适应性 / 可持续结构框架系统为建设提供了新的机遇，并保证快速发展。

⊙ 应该研制一种方法来直接计算建议建筑物的碳足迹，以及提供更好的抗震性能可能节省的费用。

⊙ 基于性能的抗震设计和评估在计算上比传统的基于代码的设计更加密集。每个模拟都可能会产生千兆字节的数据。需要新的可视化工具来评估这些大型数据集。这些大规模的模拟需要基于网格计算和云计算的计算工具来支持。

⊙ 应制定和执行这样一项计划，定期修订建筑物基于性能的设计和评估准则、标准和规范。

### 3.14.4 实施问题

与基于性能的地震工程的有效实施有关的问题包括以下项目。

⊙准则、标准和规范是改进设计实践的主要机制。联邦机构应制定并执行一项计划，定期修订设施和基础设施新的和加固设计以及性能（损失）评估准则、规范和标准。

⊙网络现在是地震相关产品和数据的首选门户。应进一步开发和维护网络的产品和与地震相关数据，以便向用户传播新知识。

⊙利益相关方接受在说明预期损失时明确列入不确定性。

⊙研发适合设计专业人员用于日常设计的简化程序和工具。

⊙为建筑物业主编制教育材料，以便鼓励使用基于性能的设计。

⊙设计专业人员的教育计划（见任务 17）。

⊙校准建筑规范中的设计规则，以达到设计地震动的规定性能水平。

## 3.15 任务15：生命线系统韧弹性指南

可靠的基础设施是地震韧弹性社区的首要目标。在地震或其他自然或人为灾害发生后，关键基础设施承受和快速恢复服务的能力决定了社区从这些灾害中恢复的速度。许多社区将电力、公路和供水列为地震后需要运行的三大关键基础设施或生命线系统（ATC，1991）。可靠的基础设施在国家层面对于全球经济竞争力、能源独立和环境保护方面也是必不可少的（NRC，2009）。国家地震减灾计划咨询委员会（ACEHR,2009）和国会证言（O'Rourke,2009）将《2008 NEHRP 战略规划》中的战略优先事项确定为减少重要基础设施对自然灾害的易损性，并与更广泛的联邦政策和优先事项相关联，包括美国国土安全部基础设施保护计划（DHS，2009）和减灾小组委员会（SDR，2005）。

尽管一些基础设施更新在短期内正在通过美国复苏和再投资法案（PL

111-5）来解决，但从长远来看还有很多事情要做，正如美国土木工程师协会基础设施报告卡（ASCE,2009),其中美国 12 个基础设施类别的综合等级为 D，估计在 5 年内投资 2.2 万亿美元用于升级和改善基础设施系统。美国的基础设施由于维修状况不佳而更容易受到地震和其他自然灾害的影响。国家重要基础设施的很大一部分现在已经有 50 到 100 年或更长的历史，而且很多都是在现行的地震规范、标准和准则实施之前建成的。在加利福尼亚州，过去的地震有助于识别和破坏基础设施系统的薄弱环节，许多业主通常采取措施，通过维修和更换计划，实施改进的标准和准则，更新的建筑材料以及目前的设计实践为今后的灾害做好充分准备。但还有很多事情要做。2005 年卡特里娜飓风之后，新奥尔良发生的灾难性堤坝事故证明了这些生命线系统的易损性。旧金山湾地区或中央谷地发生强烈地震可能导致萨克拉门托—圣华金三角洲的堤防系统失灵，从而影响超过 2200 多万加利福尼亚州人的饮用水供应；三角洲和州农业用地的灌溉用水的中断可能会导致国家层面的农业灾难[28]。在地震发生频率较低的美国其他地区，地震对基础设施系统造成的易损性或风险可能不会被利益相关者所认识或充分认识到。因此很多业主可能只做了部分准备，或者什么也没做。

由于 2003 年 8 月的东北部大停电，引发了一场关于电力系统易损性以及由此造成的区域和国家后果的戏剧性的“警钟”。这次停电影响了 5 个州 5000 万人，导致美国中部和东部地区（美国加拿大电力系统停电恢复工作队，2004)的商业中断损失估计为 4 ~ 10 亿美元。此外,停电导致了供水系统、运输、医院和许多其他关键基础设施的“级联”失效；这种相互依赖的基础设施失效

[28] 参见 www.water.ca.gov/news/newsreleases/2005/110105deltaearthquake.pdf

在许多类型的灾害中都很常见（Mc Daniels 等，2008）。1998 年，对美国中部新马德里大地震影响的研究估计，由于电力供应中断而造成的直接和间接的商业中断导致的经济损失可能高达 30 亿美元（Shinozukaetal，1998）。当时几乎没有证据表明这种损失可能发生。2003 年的东北部大停电事件表明，虽然引发事件的可能性各不相同（例如，一颗倒下的树木，一次地震，或一次恐怖主义行为），但后果可能是相似的。

### 3.15.1 建议措施

《2008 NEHRP 战略规划》将发展地震韧弹性生命线构件和系统确定为战略优先事项。与占据特定地点或位置的单个建筑物相比，生命线系统在地理上是分散但又相互关联的。因此，这些系统具有地球科学和工程上的需求，这些需求可能是特定生命线系统所特有的，与建筑社区需求不同。例如，地球结构是土木工程建造的，包括堤坝、水坝和垃圾填埋场。如任务 14 所述，建筑环境的这些关键构件目前缺乏基于性能的设计和评估准则。准则、标准和规范是运行和维护功能基础设施系统的主要机制。通常情况下，标准和准则涉及生命线系统的各个组成部分，虽然许多涵盖地震载荷和设计规定，但其他不包含这些规定。使生命线系统更有韧弹性所需的行动是：

（1）填补关键剩余空白。应在最初的五年期间制定新的标准和准则，以填补生命线性能和加固方面的剩余差距。美国生命线联盟自然灾害标准和准则矩阵（ALA，2003）总结了基础设施标准和准则的自然和人为危害条款，该摘要提供了一个框架，用于确定需要在哪些方面制定、改进或更新指导。正如在任务 10 中所讨论的那样，有必要更好地表征基础设施网络的易损性和韧弹性。

这将识别当前生命线系统的弱点以及生命线相互依赖（空间和功能）的后果，以便优先进行最有效的加固和功能改善，以提升地区和社区级的未来地震能力。

关于系统可靠性的准则 / 标准很少，即所制定的做法是为了合理保证自然灾害事件对系统服务的影响将达到利益相关方确定的目标。与基于性能的建筑物工程一样，这些后果由多种需求定义，但通常包括公共安全、服务中断持续时间和修复破坏的成本。需要有工具来模拟这些后果对公用事业和对当地社区和经济造成的影响（见任务 10）。

（2）系统地审查和更新现有的生命线标准和准则。需要系统地审查和更新现有生命线标准和准则，以包括最新的实用性实践和最新的工程和地质技术研究成果。该委员会主办的社区研讨会阐述了在新的生命线设计和升级中应该考虑的危害程度的共识需求。国家地震减灾计划与标准制定机构的合作可以促进这些类型的评审，并参考最新版本的国家地震灾害图协调代码和标准更新。

（3）示范 / 试点项目与试点社区相关联。可靠的电力和水是提升社区韧弹性的关键。作为任务 17 和 18 中讨论的大型社区试点工作的一部分，应当鼓励展示新的公用事业实践和实施生命线减灾规则和标准的试点项目和示范项目。让社区利益相关者参与确定其社区可接受的生命线风险水平，并了解共同的公私责任对实现这些目标很有必要。

（4）生命线地震工程研究。需要以生命线为重点的研究来填补上述行动（1）中确定的许多空白。国家地震减灾计划支持的与基础设施所有者和运营商合作研究以解决用户和业主界定的问题在过去取得了成功，应该在今后 5 年内重新振兴。加利福尼亚州尔湾市的社区研讨会确定了一系列贯穿工程、地球科学和社会科学问题的生命线研究课题，包括需要更好地了解生命线的相互依存关系和生命线系统的物理性能及其中断对社区的影响，以及需要制定让研究人员在不损害生命线系统操作员的安全和保密性的情况下利用专有数据进行分析的协议。研讨会还认识到，公共和私人部门对这类研究的积极支持是持续取得成功的关键条件。

## 3.15.2 现有知识和当前能力

关键基础设施或生命线系统是公用事业——能源（电力、天然气和液体燃料）、水、废水、电信和运输（高速公路、铁路、水路、港口和航空）系统（NRC，2009）。关键基础设施系统的所有权和责任跨越公共和私人部门。水和废水系统主要由公共实体拥有和经营，而私人部门通常拥有和经营电力及电信系统。州和地方当局负责道路、公路和桥梁；港口、机场、铁路由准公共或私人组织所有。对基础设施系统的监管监督同样广泛，跨越联邦、州和地方司法管辖区。与占据特定地点或位置的单个建筑物相比，基础设施系统在地理上是分散且相互关联的。这些类型的网络产生了功能和地理上的相互依赖关系，系统中的一部分的破坏可能影响系统的其他部分，并且一个生命线系统中的破坏可能扰乱其他系统。许多相互依存关系可能是在默认情况下而不是有计划建立的，产生无法预见的易损性，直到灾害发生时才显现出来。

### 生命线地震工程研究

1906 年旧金山和 1933 年加利福尼亚长滩地震揭示了多个生命线系统失效对社区的影响。虽然这些地震的严重影响促使加利福尼亚州建筑物和其他结构初步制定了抗震设计要求，但由于 1933 年以后近 40 年来没有发生严重破坏性的城市地震，关于迅速恢复生命线以帮助社区应对的必要性的教训逐渐减少。

1971 年加利福尼亚州圣费尔南多地震被认为是美国“生命线地震工程的诞生”。这次地震对加利福尼亚州南部一个快速增长地区的基础设施的灾难性影响促使工程界努力解决暴露的易损性。美国土木工程学会于 1974 年成立了生命线地震工程技术委员会（TCLEE），通过研究、标准和规则的制定，以及在操作实用系统的实施，推进生命线地震工程的技术和实践。TCLEE 积极出版了一系列关于生命线主题的专著，并对美国和世界各地大地震后的生命线表现进行了震后勘察调查。[29]

在圣费尔南多地震之后的几十年里，美国国家科学基金会赞助成立了工程研究中心开展研究以减少地震造成的损失，包括国家地震工程研究中心现纽约州立大学布法罗分校多学科地震工程研究中心（MCEER）[30]，伊利诺伊大学厄巴纳—香槟分校中美洲地震中心（MAE）[31] 和加利福尼亚大学伯克利分校的太平洋地震工程研究中心（PEER）[32]。每个中心都为其研究和发展活动制定了具体的重点。例如，太平洋地震工程研究中心的核心重点是基于性能的地震工程、设施和系统级模型以及评估和减少地震影响的计算工具。另一方面，中美洲地震中心侧重于基于结果的工程、系统级模拟以及评估和减少影响的分析。多学科地震工程研究中心侧重于利用先进和新兴技术来减少影响，并制定方法量化社区韧弹性。这三个地震工程中心也是美国国家科学基金会资助的地震工程模拟网络项目 [33] 的参与者。美国国家科学基金会对这些工程研究中心的资助已经停止，对生命线的核心研究水平已经大幅下降。这种下降不仅影响工程研究，

[29] 参见 www.asce.org/community/disasterreduction/tclee_home.cfm

[30] 参见 mceer.buffalo.edu

[31] 参见 mae.cee.uiuc.edu

[32] 参见 peer.berkeley.edu

[33] 参见 www.nees.org

而且影响跨学科研究。

## 面向性能的标准和准则

在 20 世纪 80 年代和 90 年代，国家地震减灾计划机构也通过一系列研讨会和研究来解决生命线问题。应用技术委员会（ATC，1991）对生命线地震易损性和生命线系统破坏影响进行了全国性评估，该委员会将电力系统、高速公路和水系统列为在破坏和中断影响方面最关键的生命线。美国国家标准与技术研究院和美国联邦紧急事务管理署召开的研讨会（如 NIBS，1989；FEMA，1995；NIST，1996）注意到当时国家认可的生命线系统设计和建造标准数量有限，建议重点关注符合该区灾害水平的系统性能和构件性能。1997 年，美国土木工程学会生命线政策制定者研讨会（NIST，1997）建议强调规范制定和示范项目建设。制定和实施这些建议的费用估计为 5 年 1500 万美元。

1998 年，美国土木工程学会和美国联邦紧急事务管理署之间的合作协议促成了美国生命线联盟（ALA）的成立。ALA 的目标是促进制定、采用和实施国家共识标准和准则，以提高灾害事件期间的生命线能力。ALA 战略侧重于使用涉及标准制定组织（SDO）的最佳行业实践，解决构件和网络性能问题。2002 年底，美国联邦紧急事务管理署通过与 NIBS 的合作，将 ALA 置于多灾种减灾委员会之下。ALA 制定了现有准则矩阵（见 ALA 表 1，2003），总结了美国生命线系统操作人员目前的自然和人为灾害的指导现状。列入了由 SDOs、专业和行业组织以及相关领域的从业人员编写的生命线设计和评估准则和标准，以确定尚不存在或必须改进和更新的指导需要。由于美国联邦紧急事务管理署的预算限制，2006 年 ALA 终止活动，严重阻碍了进一步改善国家生命线标准和准则的努力。

除国家地震减灾计划外，其他联邦和州机构（例如能源部（DOE），联邦公路管理局（FHWA），运输部（DOT）和私人部门（电力研究机构），与PEER/MCEER/MAE的合作项目，合作研究和发展协议（CRADA），美国地质调查局（USGS）和其他联邦机构）也积极支持生命线研究。例如，MCEER和PEER生命线计划中，由用户驱动的合作研究使得州（Cal Trans，CA能源委员会）、私人部门（洛杉矶水电部（LADWP）、太平洋天然气和电力公司（PG & E）和其他公用事业公司）与研究人员一起讨论共同的兴趣课题。

## 3.15.3 启动条件

由国家地震减灾计划支持的研究已经大大改善了复杂生命线系统建模、结构健康监测、建筑物和桥梁防护系统，以及极端事件响应和恢复的遥感测量（EERI，2008）。美国国家科学基金会对地震工程模拟网络的支持提供了一个国家资源，用以展示基于性能设计的成本效益，开发新材料以减少地震和其他极端事件的影响，以及制定加固战略以改善现有基础设施性能。持续致力于提高基于性能的设计和工程实践，并为构件和系统性能开发基于物理的数值模拟对于下一代抗震生命线系统很有必要。生命线地震性能数据的系统记录和存档（参见PIMS的讨论，任务9）对于评估这些类型的模拟模型至关重要。要根据区域的需求和条件来制定整个生命线系统性能（如极端条件下的中断目标）工程目标。

除了绘制沿生命线走廊的地质灾害地图，还需要进行地质技术研究以改善强地面运动（波通道、空间一致性和持续时间效应），地面位移/变形（断层破裂、滑坡、液化）和破坏估计，以更准确地描述地震对生命线系统的需求。还需进行社会和经济研究，以便更好地了解生命线失效对社区的社会影响。随着社区的发展和对潜在灾害地区的侵占，需要审查应对灾难性生命线失效的应急方案，如溃坝或地震后天然气自然引发的火灾。对社会和基础设施系统之间一连串的失效进行模拟的能力可以帮助社区对影响可视化，并确定提高韧弹性的必要步骤。

然而，联邦对地震相关生命线研究和减灾的协调需要超越四个主要国家地震减灾计划机构。《2008 NEHRP 战略规划》指出，它将“把精力集中在没有被其他机构或组织处理的关键生命线系统和构件上，以避免重复努力和最大限度地利用资源”。这个目标认识到为了充分利用投资并优化潜在的国家地震减灾计划贡献，需要把其他支持研究或具有监管权力的联邦机构，如能源部、交通运输部 / 联邦公路管理局和管道安全办公室以及国土安全部列入考虑范围。除联邦协调之外，州和地方各级（包括公共和私人部门）的所有利益相关者之间的多层次协调对于成功实现生命线风险管理至关重要。

### 3.15.4 实施问题

公共事业部门熟悉如何准备和应对自然灾害事件，如强风暴、季节性洪水或人为事件如蓄意破坏行为或意外“挖掘”或破坏埋在地下的管道。然而，诸如巨震、历史性的洪水或协同的恐怖袭击等极其罕见的极端事件可能会使普通实用经验和准备工作不堪一击，并可能导致广泛的破坏和服务中断。虽然经历过如此严重事件的公共事业部门通常已经采取措施为未来的灾害做好充分准备，但许多其他部门只做了部分准备，还有一些部门没有意识到他们对这些威胁的完全暴露或易损性。目前缺乏像 ALA 这样的组织来促进制定、采用和实施国家共识准则和标准，以改善在罕见或极端灾害事件期间的生命线性能，这是实施国家地震减灾计划目标的主要障碍。

### 投资重点

公共和私人的各种利益相关者在风险管理投资方面具有相互竞争的先决条件。在某些情况下，这些投资可能会损害或推迟减轻地震影响的活动，如设备或建筑物改造，这些投资可能会以牺牲或延迟如设备或建筑物加固等减灾活动为代价，特别是在地震灾害或风险较低的地区。例如，美国电力行业重组的意外后果就是投资者拥有的公用事业部门的研发费用急剧下降（Blumstein 和 Wiel，1999）。

### 保密问题

需要联邦、州和地方各级在不损害生命线系统操作者的安全和保密性的情况下，制定处理专有数据和分析的协议。许多利益相关者，特别是那些关键基础设施领域的利益相关者，不允许或禁止在其组织之外发布清单信息。这些限制影响了社区认识和规划灾害期间服务中断的能力。鼓励公私伙伴关系通过单个机构使用标准化的方法和地震情景进行自己的风险评估，然后与同行和其他利益相关方分享结果以解决机构间的相互依存关系和社区影响这些类型的伙伴关系将允许灾害规划在社区内广为人知而不用担心保密问题。

## 3.16 任务16：下一代可持续材料、构件和系统

在中高层建筑和其他结构的地震框架系统中使用的建筑材料不是混凝土就

是钢材，而且这两种材料的碳足迹都很高。在过去的一百年里，材料研发几乎没有。应研发适用于建筑行业的新型可持续材料，以达到高性能（因此体积小）和单位体积低碳足迹的目标。用这些构件建造的建筑物可以提高建筑环境的韧弹性。

已经提出了半主动和主动控制的构件和结构形式的自适应构件和框架系统，但还在美国的建筑和其他结构实施。自适应构件提供了更好的控制响应前景，跨越广泛的震动强度以限制破坏和损失。

## 3.16.1 建议措施

开发和部署新型高性能材料构件以及绿色或自适应框架系统。

## 3.16.2 现有知识和当前能力

在过去的30年中，几乎没有研究和开发用于地震韧弹性的建筑新材料。值得注意的例子包括用于加固的纤维增强聚合物以及抗震隔离系统中的弹性体和复合材料。目前正在进行低水泥混凝土、纤维增强高性能混凝土和高强度钢的一些工作。尽管有这些创新，但这些新兴技术的实际应用仍受到很多原因的阻碍，包括：（a）材料特性表征不全；（b）高认知成本；（c）缺乏监管和设计标准；（d）一个保守的和风险规避的建筑业；（e）对绿色建筑的激励有限。

使用自适应流体（如电磁流变流体）和支撑系统的结构构件已经在实验室中进行了小规模和中等规模的测试（Whittaker 和 Krumme，1993；Spencer 和 Soong，1999；Soong 等，2005）。自适应构件所提供的优势已经被探索，但没有记录下来，其优势取决于所使用的控制算法，以及需要外部电源驱动元件和传感器。对于在建筑物和其他结构中实施适应性构件没有准则或标准，也没有适合在建筑物砂质结构中实施的适应性产品供应商。

### 3.16.3 启动条件

开发和部署高性能、可持续和 / 或适配材料以及抗震建筑框架系统所需的基本知识和实施工具包括以下项。此处，"建筑物和其他构筑物"采用 FEMA P—750"新建筑和其他结构抗震设计的 NEHRP 建议规定"（FEMA，2009b）中定义，以下用"结构"表示。

调查和表征新材料，包括但不限于：（a）低水泥混凝土；（b）无水泥混凝土；（c）高强度混凝土；（d）钢纤维和碳纤维混凝土；（e）高强度钢和（f）纤维增强聚合物。在广泛的应变、应变速率、温度（包括火灾）和环境暴露的范围内表征新材料。

设计新的模块化预铸构件和框架系统以最佳利用新材料，如采用永久钢外壳的夹层结构，其功能是形成工作和加固以及注入低水泥（或无水泥）混凝土。

开发工具、技术和细节来连接用新材料构造的构件。

原型构件、连接和框架系统。

使用地震工程模拟网络基础设施对用新材料构造的构件进行中等规模和全面的测试，充分详细描述构件响应，以便制定适合纳入材料标准的设计方程、非线性响应分析的滞后模型以及基于性能的抗震设计和评估的脆性函数。

对使用新材料或构件和地震工程模拟网络基础设施或电子防御地震模拟器[34]建造的完整三维框架系统进行近乎全面的测试。

[34] 参见 www.bosai.go.jp/hyogo/ehyogo/

为每种新材料、构件和框架系统开发设计工具和方程式，并制定类似于ACI-318（ACI，2008）的材料标准。积极支持标准制定过程，在示范建筑规范中的实施以及被设计专业人员采用。根据FEMA—P—695“建筑抗震性能因子定量”（FEMA，2009a）中提出的程序，为常规的基于代码的设计指定地震参数。

为新材料构造的构件和框架系统准备结果函数，以支持基于性能的抗震设计和评估。使用地震工程模拟网络基础设施完成这项任务，并确保研究人员和设计专业人员之间的密切协作。

研发一系列适合在结构构件中实用的适应性材料，包括可控流体和形状记忆材料。在广泛的应变、应变速率、温度（包括火灾）和环境暴露的范围内表征新材料。

研发一系列适用于控制自适应流体、金属以及传统结构构件响应的稳健算法。

研发一系列低成本、低能耗、无需维护的无线传感器，适用于控制适应性构件的响应，监测结构框架系统的健康状况和响应。

原型自适应构件（设备、材料和传感器）。

针对地震地面运动的三个组成部分，研发一套控制线性和非线性结构框架系统的算法。

使用地震工程模拟网络基础设施对适应性构件进行中等规模和全面的测试，充分详细描述构件响应，以便制定适合纳入材料标准的设计方程、非线性响应分析的滞后模型以及基于性能的抗震设计和评估的脆性函数。

对使用新材料或构件和地震工程模拟网络基础设施或电子防御地震模拟器建造的完整三维框架系统进行近乎全面的测试。

为每一种新的适应材料和使用该材料构造的构件开发设计工具和方程。

### 3.16.4 实施问题

与有效实施新材料、构件和框架系统有关的问题包括以下项目。

由设计专业人员、承包商和建筑物的官方砂监管机构接受新材料、构件和框架系统。

编制教育材料，鼓励使用高性能低碳足迹材料。

为使用低碳足迹的建筑材料制定财政激励政策。

设计专业人员、承包商、建筑官员对适用于实现自适应材料、构件、框架系统的控制算法不熟悉。

设计专业人员、承包商、建筑官员对传感和结构健康监测技术不熟悉。

缺乏分析、设计和实施适应性材料、构件和系统的准则、规范和标准。

## 3.17 任务17：知识、工具和技术转移给公共和私人实践

新知识和技术将在本报告中所述的许多其他任务中得以发展。分析和设计工具将被研发。每项任务说明都包括教育和技术转让部分。这项首要任务确保了在其他任务中研发的知识和工具能够迅速地在私人和公共部门的设计实践中得到应用。应该鼓励长期持续教育计划，以增加使用最新减灾技术的专业人员。

### 3.17.1 建议措施

建立一个负责协调和鼓励在国家地震减灾计划范围内进行技术转让的新计

划，同时也采取新的举措，确保在全国各地部署最先进的减灾技术。

### 3.17.2 现有知识和当前能力

人们普遍认为技术转让很少，因此，有效的减灾战略和技术实施受到不必要的拖延。将义务教育和推广内容纳入研究项目有时是有效的，但往往缺乏对研究成果的消化、协调和包装，以利于有效的实际使用。值得注意的例外是在过去的30年里国家地震减灾计划支持为建筑物制定抗震标准和规范，从2007年开始，通过国家地震减灾计划顾问合资企业支持研究综合和技术转让给设计专业团体。这些项目需要持续地支持。然而，尽管制定了规范和标准，使用这些规范和标准的培训材料以及研究综合和技术转让的渠道，实践状况仍远远落后于技术现状。

利用其他研究领域的最新知识和技术来提高韧弹性可能会落后更多。在许多有助于地震韧弹性的学科领域，如岩土工程、基础设施的地震防护、情景的使用和区域损失估计、应急响应、震后经济恢复和公共政策等领域，没有系统的方案来巩固研究成果并将其转化为实践。

地震安全和社区韧弹性只是大多数实施社区面临的众多问题之一，涉及到建筑物和基础设施的所有者、各级政府决策者，工程师和规划人员以及公众。一个持续的教育和宣传计划不仅能够提高实践质量，而且还会将地震性能问题“摆到桌面上”。

### 3.17.3 启动条件

国家地震减灾计划应该维持并重新强调现有计划：

全面支持建筑、桥梁、生命线和关键任务基础设施的抗震标准和规范的制定，包括有关预期性能的透明说明。并且倡导采用和执行。

通过应用技术委员会（ATC），地震工程研究大学联盟（CUREE）和建筑地震安全委员会（BSSC）等组织支持和扩大研究综合和技术转让文件和工具的研发。

将教育和外联部分纳入研究项目。

在诸如开发基于下一代性能的工程、减轻现有建筑物的风险以及HAZUS等正在进行的倡议中，包括一个强有力而重要的教育和培训计划。能够在网上交付产品。

国家地震减灾计划应该启动一个新的项目中心，对正在进行和已经完成的研究进行审查，将不同学科的成果进行配对和协调，并制定推广和培训文件与课程，以最大限度提高效率。

### 3.17.4 实施问题

成功实施这一行动的主要障碍是需要在国家地震减灾计划内部建立一个新的部门并提供资助，以协调和启动技术转让。

## 3.18 任务18：地震韧弹性社区和区域示范项目

国家地震减灾计划的最终目标是使我们的公民、机构和社区更能适应地震的影响，并确保地震不会破坏我们的社会、经济和环境。为了实现这一目标，韧弹性国家的定义是，是其社区有减灾措施和灾前准备，具备当重大灾害发生时可维持社区的重要功能并迅速恢复的自适应能力。这项任务通过描述最初在一些“早期采用”社区中应用知识的战略来支持这一最终目标，最终将为全国的持续采用形成一个关键的群体。

地震韧弹性社区的特点是：

他们认识到地震灾害并了解其风险。

它们在物理结构和社会经济系统中受到保护，免受灾害。

在灾害事件发生后，他们的生命和经济的受影响最小。

它们恢复迅速并且长期效应最小。

各级政府都承担着地震风险的一部分，当人们和企业具备地震韧弹性时才能更好地履行职责。私人部门在韧弹性方面的投资具有公共利益。公共安全，减少个人、企业和政府经济损失，社区特性、住房供应和支付能力，社区服务企业，建筑和历史资源，都是由个人和私人在地震韧弹性方面投资的社会价值。

## 3.18.1 建议措施

国家地震减灾计划支持的活动将支持和指导基于社区的地震韧弹性试点项目，这些项目采用了国家地震减灾计划知识和其他知识来提高认识、减少风险以及提高应急准备和恢复能力。一个基于扩散理论的战略将指导早期试点社区的选择，并为其量身定制扩散过程，以培养关键的人群和组织，在每个社区内和社区之间采取适当行动。示范项目将会引起广泛关注，以证明增强韧弹性措施的价值和可行性。

## 3.18.2 现有知识和当前能力

不了解大多数实施项目，因此忽视了个人和组织采取新政策和做法的必要过程。尽管提供文件和信息是绝对必要的，但还不够。国家地震减灾计划应制定一个从概念到实践的综合战略，确保社区和区域级层面对地震风险及其后果负责的人们的问题。这将需要创新——个人或地方单位可以接受的且视为新的想法、实践或目标。创新的传播是一个在社会系统成员之间通过一定的渠道传播的过程。传播是个人或组织决定是否采纳一个想法的过程。罗杰斯（2003）将采用一个概念作为创新决策过程的决定，由五个步骤组成：①知识；②说服；③决定；④实施；⑤确认。更好地了解潜在采用者如何通过这些阶段大大提升地震安全工作。以下是重要传播原则：

（1）大众媒体渠道在创造创新知识方面是有效的，但是需要来自“接近同行”的人际交流来决定采取创新和改变行为。

（2）采用这种创新不仅需要展示创新的好处。

（3）影响采用率的创新特征：

相对优势——它是否比现在的选择或做事方式好？

兼容性——它是否与现有的价值观兼容？

复杂性——它是否易于使用和理解？

验证——它采用前是否可以进行部分测试？

可观测性——观测到其好处有多容易？

由于传播是一个社会驱动的过程，人们对新思想的传播至关重要。扩散理论为影响创新决策过程并推动其前进的人提供了重要见解，从而加速了新想法的传播和采用。罗杰斯（2003）将采用者分为创新者、早期采用者、早期多数、晚期多数和落后者。每一类采用者在传播过程中具有不同的特征和角色。他还指出，在一个其他人尊重和倾听的体系中，意见领袖是有影响力的人，在传播工作中很重要；如果他们采用，其他人则更有可能采用。如果意见领袖是早期采用者，他们可以加速传播过程。Gladwell（2000）有类似的想法，将一个想法从早期采用者转移到早期的大多数人，有几个关键人物非常必要，他称之为“连接器、专家和推销员”。其他研究人员，如瓦茨（汤普森，2008）不同意这种观点，他认为普通人也可以实现这些功能。

传播理论适用于减少地震风险的努力,因为其主要目标是改变人们的行为，这样他们会采取行动来减少风险，而不是什么都不做或采取实际增加风险的行动。行为变化不是一个工程问题，因此减少地震风险需要其他领域的理论和方法。传播理论提供了一个解释减灾项目成功或失败原因的框架，并提供了如何增加未来项目效益和影响的说明。

早期采用者对于创新的传播至关重要。因此，对试点社区的战略选择，贯穿所有五个阶段（即知识、说服、决策、执行和确认）的研究和应用之间有针对性的、持续和直接的联系，这对于实现全国地震韧弹性至关重要。

### 3.18.3 启动条件

建设一个更好的震韧弹性国家应该包括一个基于传播理论、在社区基础实施的强大的能力建设计划。这样一个计划最初应该集中在至少 10 个试点城市，其中至少 5 个将位于该国的主要地震危险地区。只要有了足够的知识就可以立即启动这样一个计划，虽然基于这一因素和其他国家地震减灾计划活动研究的新知识可以改进计划。该计划将有几个组成部分：

一个用于编制社区级灾害和风险概况以及用于评估每个社区韧弹性基准的社会政治经济数据的数据组成部分（另见任务 11）。

一个记录韧弹性能力，确定现有韧弹性能力实例，并估计其成本和更广泛影响的研究组成部分。

一个重点是建立有影响力的社会、经济和政治利益相关方和领导人在社区层面开展能力建设所需的公私伙伴关系的基层外联组成部分。

一个用于衡量各种韧弹性行动成本和有效性的审计后部分。

一个可能是为了减少学校地震风险项目的示范部分，他将吸引人们的注意并展示减灾项目的价值和可行性。

一个利用不同地震情景识别韧弹性能力和损失估计之间差距的分析部分。

一个旨在缩小差距并记录结果的实施部分。

## 3.18.4 实施问题

应授权联邦实体制定和实施在全国社区和区域层面实现地震韧弹性的战略。

对于早期采用群体来说，需要大约 5 年的时间才能获得相匹配的拨款。

该战略应包括长期持续实施工作的措施，以及扩大到全国范围的战略。该战略至少应该：

从至少 10 个早期采用者试点社区开始，为其他社区研发技术，以从中受益并效仿；

建立一个全国范围的对地震韧弹性感兴趣的社区领袖（专家）网络；

让私人部门作为平等和关键的合作伙伴参与这一过程。企业可以以与其业务性质相称的多种方式从地震韧弹性社区中受益。了解受益的企业更倾向于投资自身的韧弹性，并提供社区领导、政治支持和一些激励措施；

让更多的基层社区组织者参与进来，他们可以帮助在社区和社区级组织中传播兴趣和建立支持；

需要利用资源；

整合包括社交媒体的新通信工具；

解决建筑物和生命线、社会组织、社区价值观和政府连续性的易损性；

解决威胁社区的其他灾害。

政府应根据社区及其风险承受能力行使其执法权力：执行建筑规范和土地使用限制，要求现有建筑物所有者减小易损性，并鼓励通常旨在促进健康、安全和福利的其他行动。

政府应倡导地震风险易损性差异引起的社会正义问题；地震韧弹性不应仅限于那些有资源和地位的人。

NEHRP 实施计划需要倡导激励措施，以促进社会从地震风险管理实践中受益，并消除障碍和抑制因素。需要有代表社会价值的有意义的激励来鼓励和奖励投资。需要采取激励措施，使其负担得起（降低初始成本和提供资金—贷款）和可管理（随时间推移支付），并且伴随着与增加安全和财务安全相适应的投资回报。奖励措施包括联邦和州对房屋所有者的税收减免、加速企业升值、对提供类似政府服务（经济适用房、医疗诊所、医院、学校等）和拨款（配套）的人的补贴和拨款（配套）以及对政府机构的费用偿还资格。地方税收减免，物业税减免或转让税收优惠可以发挥强大的影响力。还应该向保险公司提供机制，通过保险公司扩大保险覆盖范围，鼓励减轻地震灾害。

需要发展强有力的选民基础来代表整个社区进行宣传。专业和行业协会应该指导各级政府和各自专业领域的宣传工作。

与媒体建立伙伴关系并招募他们成为早期采用者。

# 第 4 章　路线图成本

这项研究要求委员会在年度基础上来估算实施路线图所需要的计划费用。委员会根据《2003 EERI 报告》（EERI，2003b）中提出的详细经费估算，核实或修正该计划的经费估算。在审议中，委员会首先重点审查了《2008 NEHRP 战略规划》，分析其战略目标、具体目标和战略优先行动，然后审查 EERI 计划以及经费估算。最终，第 3 章所述的 18 项任务（即路线图要素）的范围远远超出了 EERI 计划的要素范围，因此这里提出的经费估算与《2003 EERI 报告》（EERI，2003b）提出的经费估算大不相同。

在估算实施路线图的费用时，委员会认识到 18 项任务之间存在很大的差异，有些任务（例如，部署美国国家地震监测台网）进展良好，正在实施过程中，而有些仅仅处于概念阶段。对每项任务进行经费估算需要作全面的分析，确定任务范围、实施步骤以及与其他任务的关联或重叠部分。有些任务已经通过研讨会或其他场所完成了必要的分析，已做过经费估算的可为委员会直接提供。对于其他任务，还需要委员会专家对任务实施进一步详细分析。

表 4.1 列出了每项任务实施 0 ~ 5 年、6 ~ 20 年以及 20 年总经费的估算数。总体上，国家地震韧弹性计划前 5 年的年度经费为 3.065 亿美元 / 年。

表 4.1 任务经费估算汇总表（单位：百万美元[1]）

| 任务 | 年度经费（第1～5年） | 总经费（第1～5年） | 总经费（第6～20年） | 总经费（20年） |
|---|---|---|---|---|
| 1.地震物理过程 | 27 | 135 | 450 | 585 |
| 2.美国国家地震监测台网（ANSS）升级[2] | 66.8 | 334 | 1002 | 1336 |
| 3.地震预警 | 20.6 | 103. | 180 | 283 |
| 4.美国国家地震危险性模型 | 50.1 | 250.5 | 696 | 946.5 |
| 5.可操作的地震预报 | 5 | 25 | 60 | 85 |
| 6.地震情景构建 | 10 | 50 | 150 | 200 |
| 7.地震风险评估与应用 | 5 | 25 | 75 | 100 |
| 8.震后科学响应与恢复研究 | 2.3 | 11.5 | 待定[3] | 待定[c] |
| 9.震后信息管理 | 1 | 4.8 | 9.8 | 14.6 |
| 10.减灾与恢复的社会经济学研究 | 3 | 15 | 45 | 60 |
| 11.社区抗震性和易损性观测网络 | 2.9 | 14.5 | 42.8 | 57.3 |
| 12.地震破坏和损失的物理模拟 | 6 | 30 | 90 | 120 |
| 13.现存建筑物评估与加固技术 | 22.9 | 114.5 | 429.1 | 543.6 |
| 14.基于性能的地震工程 | 46.7 | 233.7 | 657.8 | 891.5 |
| 15.生命线系统地震韧弹性指南 | 5 | 25 | 75 | 100 |
| 16.下一代可持续材料、构件和系统 | 8.2 | 40.8 | 293.6 | 334.4 |
| 17. 知识、工具和技术转移到公共和私人实践 | 8.4 | 42 | 126 | 168 |
| 18.地震韧弹性社区与区域示范项目 | 15.6 | 78 | 923 | 1001 |
| 总计 | 306.5 | 1532.3 | 5305.1 | 6837.4 |

[1] 请参阅以下部分的解释性说明（所有数据均为 2009 年基准价）。

[2] 不包括大地测量监测或大地测量观测网络的支持。

[3] 该任务后 15 年的经费计划将基于前 5 年的绩效进行评估。

## 4.1 经费解释说明

附录 E 介绍了用作任务成本计算基础的大部分细项。下面是摘要信息（使用 2009 美元基准价）来帮助阅读表 4.1 中的成本估算。

### 任务 1——地震物理过程

地震物理过程研究属于国家地震减灾计划，由美国国家科学基金会和美国地质调查局提供资助。在近几个财政年度，虽然两个机构都没有明确总结在这个特定任务领域的支出，但目前的花费可以从已发布的机构预算中估计。

美国国家科学基金会的地震物理过程研究资金渠道主要通过美国地震学联合研究会（IRIS）（2010 财年总预算为 1240 万美元）、南加州地震中心（300 万美元）、“地镜”计划（2500 万美元）以及美国国家科学基金会地球科学部地球物理核心计划。2010 财年，至少资助了 1500 万美元用于地震物理学基础研究。

2010 财年，美国地质调查局地震灾害项目（Earthquake Hazards Program）共投入 1300 万美元用于地震物理学研究，包括国内部分 1060 万美元和国外部分 240 万美元。

因此，累加美国国家科学基金会和美国地质调查局的投入，2010 年度国家地震减灾计划（NEHRP）在任务 1 上总投入超过 2700 万美元。本报告中的许多任务都需要对地震物理有更好的理解。如第三章所述，这一领域的基础研究正在蓬勃开展，目前的投资水平应至少在未来 5 年保持不变，这意味着 5 年期预算最少为 1.35 亿美元。初期投资之后，我们估计平均年度支出约为 3000 万美元 / 年。

## 任务 2——美国国家地震监测台网升级

实施美国国家地震监测台网的资本化成本估计为 1.75 亿美元。在 2009 年美国复苏与再投资法案（ARRA）之前以及整个 2009 财年，美国地质调查局将完成投资约 2600 万美元。而美国复苏与再投资法案再投入 1900 万美元之后，美国国家地震监测台网总计投入 4500 万美元。2011 年年底系统实施将完成约 25%。[4]

目前美国国家地震监测台网运维成本为 2400 万美元 / 年，全面实施后运维成本估计为 5000 万美元 / 年。目前美国地质调查局对美国国家地震监测台网的长期预算要求是 5000 万美元 / 年。由于运维成本随着台网的发展而增加，除非国会大幅度增加拨款，否则在 2018 年台网竣工日期之前，为其分配充足的资金投入将变得越来越困难。

这些成本估算包括为现在的全球地震台网提供持续的支持。全球地震台网是美国国家地震监测台网的一个重要的子系统，目前由国家地震减灾计划每年资助 980 万美元（美国地质调查局资助 580 万美元 / 年，美国国家科学基金会资助 400 万美元 / 年）。

这些成本也不包含大地测量监测（主要是 GPS 和应变计台网作为地震监测的补充手段）。2009 财年，美国地质调查局（USGS）花费了 235 万美元进行大地测量数据收集及观测网络运维。美国国家科学基金会主要通过 UNAVCO 公司支持大地测量数据收集及观测网络运维，UNAVCO 公司在 2009 财年花费了 370 万美元。GPS 大地测量的其他支持来自美国国家航空航天局（NASA）。

---

4 参见 earthquake.usgs.gov/monitoring/anss/documents.php。

美国国家地震监测台网指导委员会很可能很快会建议将大地测量观测网络纳入美国国家地震监测台网，这将明显增加它的范围和成本。

## 任务 3——地震预警

高效的地震预警（EEW）系统的实施需要美国国家地震监测台网的全面实施，本节提供的预算分析建立在全面实施的基础上。

目前的行动仅限于在加州开展的美国地质调查局地震预警示范项目，该项目在 2010 财年花费了 50 万美元。2011 财年，总统向国会提出的地震预警预算是 100 万美元。

加州地震预警工程 3 年实施计划的成本已被加州综合地震台网评估为 5340 万美元。其中 3240 万美元用于设备升级、新设备购置和软件开发，以及 2100 万美元用于产品开发、公共和专业最佳实践的开发以及管理。估计加州地震预警系统的运营成本为 800 万美元 / 年。

卡斯卡迪亚地震预警系统的实施可能影响美国国家地震监测台网和海啸预警系统的现有和计划的要素。根据 3 年的时间计划表，粗略估计边际成本是 2500 万美元，大约是加州系统的一半。运营成本也同比例缩减到 400 万美元 / 年。

加州地震预警系统和卡斯卡迪亚地震预警系统 5 年总成本约为 1.03 亿美元。

## 任务 4——美国国家地震危险性模型

表 E.1 分别列出了第 1 ～ 5 年（4230 万美元 / 年）、第 6 ～ 10 年（4320 万美元 / 年）以及第 11 ～ 20 年（3740 万美元 / 年）的年度经费。

本节报告了地震危险性区划图的成本，本部分对其他很多任务都有帮助，尤其是任务 13 和任务 14。

地方和全国的地震危险性区划图 5 年的总成本约为 2.5 亿美元。

## 任务 5——可操作的地震预报

美国地质调查局和美国国家科学基金会目前正支持加州地震概率工作组（WGCEP）开发统一加利福尼亚地震破裂预测模型第三版（UCERF3），其中将包括短期预测能力，成本约为 200 万美元 / 年。WGCEP 每年也会从加州当局获得 80 万美元支持。为加州和美国其他地震活跃地区开发地震预测模型将需要一笔很大的开支。

总统 2011 财年预算请求国会分配 300 万美元用于科罗拉多州戈尔登市的全国地震信息中心收集和制作地震信息。预算还要求拿出 50 万美元来支持美国地质调查局实施可操作的地震预报。

地震预报研究协会（CSEP）合作研究可操作的地震预测的前瞻试验的成本估计是 50 万美元 / 年。

可操作的地震预报的 5 年总成本约为 2500 万美元。

## 任务 6——地震情景构建

每个社区制作地震场景和演习的总成本为全国范围概算提供了基准。美国联邦紧急事务管理署的授权装备列表（AEL）研究确定美国有 43 个高风险社区，这些社区授权装备列表大于 1000 万（FEMA，2008；见表 3.2），几乎占了美国人口基数的 30%。

开展地震情景构建试验的经验表明，投入水平某种程度上取决于社区的规模。人口不足 50 万人的小型社区，正如第二章所述的印第安纳州埃文斯维尔例子已经能够实现绘制当地地质情况和现场情况，为城市地震危险性区划图开发 GIS 数据库，改善当地建筑和关键基础设施数据，为情景活动运行损失评估模型。在美国地质调查局城市危险性制图计划下，为期 5 年估计花费为 50 万美元。

有 18 个人口在 50 万及以下的社区处于高危。人口超过 100 万的城市相应地将需要花费更多的时间和资源。比如，圣路易斯城市危险性制图项目中有一个 29 图幅的绘图任务，耗时 10 年以上。与这项工作相关的成本估计约为 200 万美元。

请注意，对印第安纳州埃文斯维尔和密苏里州圣路易斯的估价，不包括开展全社区地震演习的费用。

更大的努力，比如第一章讨论过的 2008 年南加州地震动演习，得到了国家地震减灾计划机构以及当地科学界、社区和媒体组织的广泛参与。地震动方案和演习的初始“启动成本”共计 600 万美元（L. Jones 和 M. Benthien，2011）。

全国有 16 个人口过百万的高风险社区。

因此，我们估计需要 2 亿美元，来制定统一的系列城市地震危险性和风险地图，来为表 3.2 中确定的 43 个社区进行地震演习。目前（2009 财年）国家地震减灾计划预算中为开展综合地震风险情景构建和风险评估提供的资金是 150 万美元；我们估计需要 1000 万美元 / 年。

## 任务 7——地震风险评估与应用

在国家层面，对灾害和风险评估方法研究及其所需各种因素的基础研究的支持已经成为国家地震减灾计划的一项关键内容。目前（2009 财年），国家地震减灾计划用于支持开发先进的损失估算和风险评估工具的预算为 50 万美元。

下一代灾害损失估算工具的开发——尽管 HAZUS 软件作为一种费用低、易操作的损失估算工具很有用，并且能够近似估计风险损失，但是，为了减小损失，服务政府决策，资金分配需要更高的准确度。本计划将综合利用三个现有地震工程研究中心过去十几年来在风险损失估计方面取得的重大进展，再开发一个更高级别用途的专家系统，辅助专家小组制定战略决策以及应对更严重的灾难。

用于短期方法研究和长期能力开发的经费估计为 500 万美元 / 年。

## 任务 8——震后科学响应与恢复研究

开发标准化数据协议，包括在最初 2 年里实施 2 ~ 4 个项目开发灾后响应、恢复行动以及与之相关的防范措施的社会科学研究标准化研究协议。这些项目以及由此产生的研讨会的成本估计为 150 万美元。

建立国家地震和其他灾害社会科学研究中心，主要任务就是负责监督标准化研究协议的实施，不断地解决相关的数据管理问题。估计这个中心的初始资金为最初 5 年每年 230 万美元；在计划的后 15 年的经费计划将基于前 5 年的绩效考核评估。

## 任务 9——震后信息管理

震后信息管理系统（PIMS）的成本分为两个阶段（PIMS 项目组，2008）估算。

第一阶段两年内开发一个初步的震后信息管理系统，每年 100 万美元。

第二阶段 5 ~ 10 年内开发更先进的“全功能”震后信息管理系统。包括大约 7 ～ 9 个试点项目，每个项目都有开发阶段和实施阶段。第二阶段开发完成后仍需要成本维持运营。

在重大事件发生后，收集、分发和储存信息都会产生大量的额外费用。这些成本不是本研究的重点，将在后续具体分析。更详细的实施预算见表 E.2。

## 任务 10——减灾和恢复的社会经济学研究

这项任务包括五个研究项目，共计成本 300 万美元 / 年：

减灾与恢复研究，包括研究各种韧弹性策略的成本和可行性以及将这些结果应用于研究全面的韧弹性指标，成本估计为 100 万美元 / 年。该项目还将包括评估新商业连续性行业作为政府辅助的补充作用，更深入地分析这些机构对灾害的响应和韧弹性实施壁垒以及排除这些壁垒、促成最佳实践的政策措施。该计划还将涉及灾害的长期影响分析以及全面的计划框架，以提高灾害韧弹性。本研究也将延伸到公平正义及生态恢复等新领域。

灾害长期影响研究，成本估计为 50 万美元 / 年。将涉及分析框架的进一步开发，并在主要的地震和灾害发生地进行严格的测试。这个方案也会提出主要的政策事项包括在原地重建的必要性、移民支持，以及在恢复和重建过程中的强制疏散。

灾害韧弹性中公平正义问题研究，成本估计为 50 万美元 / 年。研究将侧重于探索公平 / 正义原则、分析其应用意义以及社区和政策制定者的接受度。将适用于广泛的弱势群体，包括弱势种族 / 少数民族、妇女、老人和青年、身体不便者以及贫民。

成立国民经济恢复中心，成本估计为 100 万美元 / 年。该中心将研究与实践结合，研发韧弹性度量指标和新韧弹性战略，然后转化应用到实际行动中，并在试点项目中接受测试。私人从业者和公共部门将通过中心与众多社区分享经验。另请参阅任务 11 的扩展介绍。

## 任务 11——社区韧弹性和易损性观测网络

估计未来 5 年社区韧弹性和易损性观测网络的开发费用将达到 1450 万美元（详见表 E.3），并在 20 年规划期继续提供 290 万美元 / 年的资金支持。根据 RAVON 研讨会报告（Peacock 等，2008）中概述的分步实施方案，这一估算是该报告中建议的成本范围的中间值。

尽管实施任务 8、9、10 和 11 应该分别考虑，但是在这几项任务撬动资源的潜力是巨大的。任务 11 更具全局性，在其中充当领头羊。

## 任务 12——地震破坏和损失的物理模拟

在 20 年规划期内，600 万美元年度预算包括三个方面：地震科学（200 万美元 / 年）、地震工程（200 万美元 / 年）以及信息技术（200 万美元 / 年）。任务 1、13、14 和 16 包括了支持、改进端到端模拟工具并使其可操作所需的基础科学和工程任务经费。

启用端到端模拟所需的高性能计算设备的经费，寄希望于通过联邦机构或联邦机构资助的大学和机构获取。

## 任务 13——现存建筑物评估与加固技术

表 E.4 列出了第 1 ~ 5 年年度成本（2290 万美元 / 年）、第 6 ~ 10 年年度成本（3400 万美元 / 年）以及第 11 ~ 20 年年度成本（2600 万美元 / 年），表 E.5 列出了更详细的任务分解及进度安排。

计划协调和管理成本占整个研究、开发和实施总成本的20%，在20年实施期内均匀分布。

对本任务有很大贡献的地震工程模拟网络（NEES）运营和维护的成本，见任务14介绍。

本任务的关键贡献要素地震危险性分析的成本，见任务4介绍。

## 任务14——基于性能的地震工程

表E.6列出了第1-5年年度成本(4670万美元/年)、第6-10年年度成本(4770万美元/年）以及第11-20年年度成本（4190万美元/年），表E.7列出了更详细的任务分解及时间安排。

计划协调和管理成本占整个研究、开发和实施总成本的20%，在20年实施期内均匀分布。

此经费估算包括了地震工程模拟网络（NEES）运营和维护的成本，实际上地震工程模拟网络（NEES）对其他许多任务有很大贡献，尤其是任务13和16。

本任务的关键贡献要素包括部署和维护美国国家地震监测台网（ANSS）有关费用以及地震危险性分析费用，见任务2和任务4介绍。

## 任务15——生命线系统地震韧弹性指南

美国国家标准与技术研究院（NIST,1997）和美国地震工程研究所（EERI，2003b）估计用于制定建筑物、生命线、桥梁和海岸结构的抗震设计和改造等相关准则、实践手册和示范法规的成本预算为300万到500万美元。美国地震工程研究所（EERI，2003b）还确定了额外的500万美元/年的示范项目和500万美元/年的基本生命线工程研究。

基于以上背景信息，我们估计完成第三章所述的任务 15 将需要 500 万美元 / 年，与现有的资金水平 10 万美元 / 年相比，增幅相当大。

## 任务 16——下一代可持续材料、构件和系统

表 E.8 列出了第 1 ~ 5 年年度经费（820 万美元 / 年）、第 6 ~ 10 年年度经费（1390 万美元 / 年）以及第 11-20 年年度经费（2240 万美元 / 年），表 E.9 列出了更详细的任务分解及时间安排。

地震工程模拟网络运营和维护的成本为这个任务提供了大量贡献，详见任务 14 介绍。

## 任务 17——知识、工具和技术转移到公共和私人实践

每年抗震标准以及加固技术研发成本为 840 万美元，20 年经费合计 1.68 亿美元。

## 任务 18——地震韧弹性社区和区域示范项目

在任何特殊时间需要的资源将取决于所选社区的数量、提供的资金匹配的数量以及示范项目的数量和性质。我们建议从少数社区开始，然后随着能力的提高，再逐渐扩大实施范围。社区领导者也可以得到经验，提供点对点指导。

每个社区的平均单位成本约为 75 万美元 / 年，根据每个社区的规模和复杂程度以及选定示范项目的性质而有所不同。我们建议初始资金前两年为 400 万美元 / 年，当计划包含 60 个社区的时候，增长到 6900 万美元 / 年。详细的费用信息见表 E.10。

# 第 5 章　结论——实现地震韧弹性

为了提高对地震成因的认识、减轻地震影响，国家地震减灾计划（NEHRP）于 1977 年启动，随后被多次再授权，为地震学、地震工程学和社会科学的研究提供了大量资源。该计划还加强了联邦政府机构之间相关责任的协调，并促进了研究和应用的整合。此外，尽管国家地震减灾计划只涉及四个联邦机构，但该计划提高了许多其他联邦、州、地区和地方政府机构以及私人部门对地震相关活动的关注。

努力了解地震成因并应对其影响当然不是从国家地震减灾计划（NEHRP）才开始的。在美国，关于 1906 年旧金山大地震的标志性研究（Lawson，1908）进一步推进了弹性回跳说，由此积累的应变能量通过断层滑动而突然释放，证明软沉积构造的易损性。其他国家尤其是日本的进步也贡献了新的知识。最重要的是，20 世纪 60 年代中期板块构造概念的发展为了解全球地震（和火山）活动奠定了整体框架。

然而，国家地震减灾计划在美国激励了大量的地震研究，最重要的是，该计划使得各种地震相关学科和机构的奋斗目标统一到减少地震损失上来。本报告引言部分令人印象深刻的成就总结列表体现了这一点。鉴于国家地震减灾计划提供的地震减灾活动的重要推动和获得的大量成就，委员会通过了《2008 NEHRP 战略规划》，明确了执行该规划并实质性提高国家地震韧弹性所需要实施的 18 项具体任务。

## 5.1 定义地震韧弹性

实现国家地震韧弹性的关键首先要理解什么是地震韧弹性。在本报告中，我们已经从工程 / 科学（物理方面）、社会 / 经济（行为方面）和公共机构（管理方面）几个维度广泛地解释了韧弹性概念。韧弹性的含义还包括灾前和灾后行动，这些行动相结合将会增强我国所有地震易损地区在可能的强震发生后的稳健性和抗震能力。委员会也认识到，实现成为一个完全抗震的国家，其成本是高昂的。因此，我们认为我们的使命是帮助制定未来 20 年提高国家地震韧弹性的绩效目标，并为国家地震减灾计划制定更详细的路线图和优先行动。基于这些考虑,委员会建议国家地震减灾计划采用以下“国家地震韧弹性”定义：

一个灾害韧弹性国家，是其社区有减灾措施和灾前准备，具备当重大灾害发生时可维持社区的重要功能并迅速恢复的自适应能力。

目前还没有衡量灾害韧弹性的标准，显而易见，标准化的方法将有助于衡量韧弹性在减轻灾害风险方面的提升。然而，由于在特定的社区背景及其目标下，韧弹性都有其特定的概念，因此没有一个单一的手段能够充分地解释它。没有一个韧弹性指标能够适用于所有目的，在不同的背景下评估当前韧弹性水平和韧弹性进展必须采用不同的衡量方法。

## 5.2 韧弹性路线图要素和成本

为了给将来的活动打下良好的基础，在牵头机构美国国家标准与技术研究院的领导下，国家地震减灾计划机构制定了战略规划（见附录 A）。该规划确定了 3 项战略目标和 14 项具体目标，采用了减少地震损失的综合性集成手段。

委员会支持该战略规划各个要素的战略目标和具体目标，并且认可计划涉及的国家地震减灾计划机构之间的全面、融合、协作方法。该委员会着手在战略规划的基础上制定重点行动，以进一步实施该计划。最终确定了18项任务，范围涉及从基础研究到面向社区应用的相关领域，构成了实现国家地震减灾计划战略目标和实施其战略规划的“路线图”。委员会建议开展这些工作。

在估算实施路线图的费用时，委员会认识到18项任务之间存在很大的差异，有些任务（例如部署美国国家地震监测台网、地震工程模拟网络（NEES）地震工程仿真实验室）已在执行中或正开始实施，而有些仅仅处于概念阶段。对每项任务进行经费估算需要进行全面的分析，确定任务范围、实施步骤以及与其他任务的关联或重叠部分。有些任务已经通过研讨会或其他场所完成了必要的分析，其实际估算费用可以直接引用。对于其他任务，还需要委员会专家对任务实施进一步详细分析。总体上，国家地震韧弹性路线图前5年的年度经费为3.065亿美元/年，主要包括以下任务：

（1）地震物理过程。加强对地震现象和地震发生过程的研究，提高地震科学预测能力；前5年的年度费用为2700万美元/年，20年规划总经费为5.85亿美元。

（2）美国国家地震监测台网升级。完成剩余的75%的国家地震监测台网的部署;前5年的年度经费为6680万美元/年，20年规划总经费为13亿美元。20年规划实施期之后，持续运营和维护经费为5000万美元/年。

（3）地震预警。地震预警系统评估、测试和部署；前5年的年度经费为2060万美元/年，20年规划总经费为2.83亿美元。

（4）美国国家地震危险性模型。完成全国范围的地震危险性区划图，建立城市地震危险性图和高危社区地震风险图；前 5 年的年度经费为 5010 万美元 / 年，20 年规划总经费为 9465 亿美元。

（5）可操作的地震预报。与相关州和地方机构协调，研究和实施可操作的地震预报；前 5 年的年度经费为 500 万美元 / 年，20 年规划总经费为 8500 万美元。20 年规划实施期之后，持续运营和维护经费未知。

（6）地震情景构建。综合地球科学、工程和社会科学等信息开发模拟推演地震场景，将地震和海啸对社区的冲击影响以及可能的规避效果可视化；前 5 年的年度经费为 1000 万美元 / 年，20 年规划总经费为 2 亿美元。

（7）地震风险评估与应用。将科学、工程和社会科学等信息集成整合到基于 GIS 的损失估算平台，改进地震风险评估和损失估算方法；前 5 年的年度经费为 500 万美元 / 年，20 年规划总经费为 1 亿美元。

（8）震后科学响应与恢复研究。综合记录地震应急响应和恢复过程预期的和即时的活动情况及其产出效果并模式化，以改进家庭、组织、社区和区域各层面的减灾措施和准备工作；前 5 年的年度经费为 230 万美元 / 年，5 年实施期之后再评估。

（9）震后信息管理。采集、提炼和广泛传播地震相关的地质、结构工程、体制机制和社会经济影响等信息，以及灾后的应对措施，创建和维护震后勘察数据库；前 5 年的年度经费为 100 万美元 / 年，20 年规划总经费为 1460 万美元。20 年规划实施期之后持续运营和维护经费未知，似乎较少。

（10）减灾与恢复的社会经济学研究。支持社会科学领域的基础研究和应用研究，调查研究个人和组织对于促进地震韧弹性的内在动力，韧弹性行动的可行性研究和成本估算，排除推进实施的壁垒；前 5 年的年度经费为 300 万美

元 / 年，20 年规划总经费为 6000 万美元。

（11）社区韧弹性和易损性观测网络。建立一个观测网络，衡量、监控和模拟社区的灾害易损性和韧弹性，重点聚焦于韧弹性和易损点；风险评估，感知和管理策略，减灾行动，灾后重建和恢复;前 5 年的年度经费为 290 万美元 / 年，20 年规划总经费为 5730 万美元。20 年规划实施期之后持续运营和维护经费未知。

（12）地震破坏和损失的物理模拟。综合任务 1、13、14 和 16 获得的知识，开展稳健估计，断层破裂、地震波传播以及土壤结构响应全耦合模拟，估算经济损失、业务中断和人员伤亡情况；前 5 年的年度经费为 600 万美元 / 年，20 年规划总经费为 1.2 亿美元。

（13）现存建筑物评估与加固技术。基于综合实验研究和数值模拟，开发预判现存建筑物对地震响应可靠性水平的分析方法，完善对建筑物抗震评估和修复的共识标准；前 5 年的年度经费为 2290 万美元 / 年，20 年规划总经费为 5.436 亿美元。

（14）基于性能的地震工程。增进基于性能的地震工程知识，开发实施工具改进设计方法，为决策者提供信息，修订建筑物、生命线工程和地质结构的规范和标准;前 5 年的年度经费为 4,670 万美元 / 年，20 年规划总经费为 8.915 亿美元。

（15）生命线系统地震韧弹性指南。开展以生命线工程为重点的合作研究，更好地描述基础设施网络的易损性和韧弹性，以此作为系统检查和更新现有生命线相关标准和指南的基础，有针对性地开展试点项目和示范项目；前 5 年的年度经费为 500 万美元 / 年，20 年规划总经费为 1 亿美元。

（16）下一代可持续材料、构件和系统。开发和部署绿色和（或）适配的新型高性能材料、构件和框架系统；前5年的年度经费为820万美元/年，20年规划总经费为3.344亿美元。

（17）知识、工具和技术转移到公共和私人实践。启动一项鼓励和协调促进跨国家地震减灾计划相关领域技术转移的计划，确保在全国各地，特别是在中度地震危险区部署最先进的减灾技术；前5年的年度经费为840万美元/年，20年规划总经费为1.68亿美元。

（18）地震韧弹性社区和区域示范项目。支持和指导基于社区的地震韧弹性试点项目，应用国家地震减灾计划的产出以及其他知识，增进认识、降低风险，提高应急准备和灾后恢复能力；前5年的年度经费为1560万美元/年，20年规划总经费为10亿美元。

## 5.3 路线图各项任务的时间安排

委员会建议，这里确定的所有任务应根据资金情况立即启动，并建议在增强国家地震韧弹性的具体行动和为其提供良好基础所需的研究工作之间进行适当的平衡。委员会还指出路线图中的两个"观测台网"要素，即任务2和任务11，将为许多任务提供基础观测信息。

但是，在单个任务中基础性工作部分应该立即实施和/或启动，因为有些行动需要前期基础工作成果。任务13、14和16的详细任务分解表（见表E.5、E.7和E.9）清晰地表明了对各任务分项行动进行排序的必要性。以任务13中开发可靠的倒塌计算工具为例，需要确定研究范围，召开研讨会，并在第3年制定后续实验计划，包括第4～7年期间使用地震工程模拟网络（NEES）设施对框架系统的关键构件进行实验，第6～10年期间使用地震工程模拟网络设施和 E—Defense 进行多框架系统倒塌试验，同时第 4 ～ 20 年期间通过试错开发改进的结构构件滞后模型，第6 ~ 10年期间研究框架系统倒塌的触发因素，第 6 ～ 15 年期间改进系统级倒塌计算和有限元程序，第 11 ～ 20 年期间使用地震工程模拟网络设施和 E-Defense 验证和改进计算程序，以及为期 5 年的汇总结果和准备技术报告。

## 5.4 地震韧弹性和机构协调

虽然国家地震减灾计划的四个执行机构是构建地震知识的关键核心，但也仅是美国从事地震韧弹性研究和应用单位中的一部分。例如，国家地震减灾计划的美国国家科学基金会部分只包括地震工程和社会科学，被美国国家科学基金会视为“定向”研究，而与该计划其他高度相关的地震知识还来自美国国家科学基金会的“非定向”研究项目。在应用领域，几乎所有建设或运营基础设施的机构都通过采取措施或采纳规范来减少地震影响，从而为实现国家地震减灾计划的目标做出了贡献。这些机构包括美国陆军工程兵、交通部、能源部以及住房和城市发展部等。除了联邦机构的作用之外，各级政府机构在应用地震知识方面同样发挥着关键作用，私人部门尤其是在建筑设计领域也是如此。总之，减少地震损失的贡献者是一个远远超出国家地震减灾计划范围的企事业单位群体。但是国家地震减灾计划为这些全方位努力提供了一个重要的契机。委员会认为，通过这些分析来判断对国家地震减灾计划有贡献的所有组织之间的协调配合是否能够得到改善将是有益的和及时的。

## 5.5 落实国家地震减灾计划知识

自 1964 年阿拉斯加 9.2 级大地震以来，美国还未发生过 8 级以上巨大地震。由于阿拉斯加人烟稀少，地震造成的破坏相对较轻。1906 年旧金山地震是美国最近真正遭受的毁灭性大地震，而其他破坏性地震只是 5 级中强震，由此给人们的一种感觉就是我们国家已经可以有效应对地震威胁，具有“地震韧弹性”。然而，事实上应对 5 级中强震的准备措施指标并不适用于应对 8 级以上巨震，这一点在卡特里娜飓风时候已经得到了验证。1811 年 ~ 1812 年在美国中部密西西比河谷地区以密苏里州新马德里为中心发生了一系列毁灭性的大地震。1886 年在南卡罗来纳州查尔斯顿（Charleston）发生的一次 7 级地震震惊了东海岸。这些事件现在已经远离公众视野，但在这些地区做出应对这种事件的准备却甚少。委员会认为，应扩大计划范围，以预测美国发生 8 级以上巨震可能造成的影响和破坏,尤其是美国中部或东部对这些事件准备很少的地区。

在私人部门减少地震易损性和管理地震风险的关键决策，大多都是由个人和公司做出。如果国家地震减灾计划提供的信息以清晰易懂格式并伴随着扩散过程，可以极大地帮助公民做出决策。例如，活动断层分布图、不稳定地面分布图和历史地震活动图可以影响人们居住地点的选择，相关地震动图能够指导建筑物的设计。

当负责地震风险和管理地震事件影响的人员使用国家地震减灾计划以及其他相关工作创建的知识和公共服务使我们的社区更具地震韧弹性时，国家地震减灾计划就实现了其基本目标——成为一个地震韧弹性的国家。增强地震韧弹性需要有地震风险意识，知道如何应对并能成功应对这种风险。但仅提供信息还不足以实现地震韧弹性，国家地震减灾计划知识的传播和推广应用是必不可少的。要将这些知识成功地传播到社区和地震专家、州和地方政府官员、建筑物所有者、生命线工程营运者，以及其他负责建筑物、系统和机构应对地震和震后恢复的人员中，还需要制定专门的战略措施。这种信息传播反映出联邦机构处理地震威胁职权有限。而地方和州政府对公共安全和福祉负有责任，包括规范土地使用以规避灾害，制定和执行建筑规范，向面临灾害威胁的社区发出警告并对灾害事件作出响应等。国家地震减灾计划的战略目标和具体目标支持和促进私人业主、企业采取措施提高抗震能力，支持地方和国家机构履行职责。尽管应用国家地震减灾计划知识必须尽可能迅速有效推进，但是前沿知识的协调发展也至关重要，这就要求持续努力提高对地震威胁、降低风险的认识，激发实施行动的积极性。

# 参考文献


1. AASHTO (American Association of State Highway and Transportation Offcials), 2009. Guide Specifcations for the LRFD Seismic Bridge Design, 1st Edition. Washington, DC: AASHTO.
2. ACEHR (Advisory Committee on Earthquake Hazards Reduction), 2009. Letter to the NIST Deputy Director on the Reauthorization of the NEHRP program. May 4. Available at www.nehrp.gov/pdf/may_2009_letter2.pdf (accessed April 30, 2010).
3. ACI (American Concrete Institute), 2008. Building Code Requirements for Structural Concrete and Commentary. ACI-318-08. Farmington Hills, MI: ACI.
4. ALA (American Lifelines Alliance), 2003. Existing Guidelines Matrix. Available at www.americanlifelinesalliance.org/ExistingGuidelines.htm (accessed April 30, 2010).
5. Alesch, D.J., L.A. Arendt, and J.N. Holly, 2009. Managing for Long-Term Community Recovery in the Aftermath of Disaster. Fairfax, VA: Public Entity Risk Institute.
6. Algermissen, S.T., 1969. Seismic risk studies in the United States. Paper presented at the Fourth World Conference on Earthquake Engineering, Santiago, Chile, January 13–18.
7. Allen, R.M., and H. Kanamori, 2003. The potential for earthquake early warning in Southern California. Science 300(5620): 786–789.
8. Allen, R.M., P. Gasparini, O. Kamigaichi, and M. Böse, 2009. The status of earthquake early warning around the world: an introductory overview. Seismological Research Letters 80: 682–693. DOI:10.1785/gssrl.80.5.682.
9. ASCE (American Society of Civil Engineers), 2003. Seismic Evaluation of Existing Buildings. ASCE 31-03. Eds. D.B. Horn and C.D. Poland. Proceedings of the 2004

Structures Congress, May 22–26, 2004, Nashville, TN.

10. ASCE (American Society of Civil Engineers), 2005. Minimum Design Loads for Buildings and Other Structures. SEI/ASCE Standard 7-05. Reston, VA.

11. ASCE (American Society of Civil Engineers), 2007. Seismic Rehabilitation of Existing Buildings. ASCE/SEI 41-06. Washington, DC.

12. ASCE (American Society of Civil Engineers), 2009. Report Card for America's Infrastructure: Report Card 2009 Grades. Available at apps.asce.org/reportcard/2009/grades.cfm (accessed April 30, 2010).

13. ATC (Applied Technology Council), 1991. Seismic Vulnerability and Impact of Disruption of Lifelines in the Conterminous United States. ATC-25. Redwood City, CA.

14. ATC (Applied Technology Council), 1994. Seismic Evaluation and Retroft of Concrete Buildings. ATC-40. Redwood City, CA.

15. ATC (Applied Technology Council), 2007. Prioritized Research for Reducing the Seismic Hazards of Existing Buildings. ATC-73. Redwood City, CA.

16. ATC (Applied Technology Council), 2009a. Existing Buildings Program Action Plan 2009-2019. ATC-71. Draft in progress. Redwood City, CA.

17. ATC (Applied Technology Council), 2009b. 50% Draft Guidelines for the Seismic Performance Assessment of Buildings. ATC-58 Report. Draft in progress. Available at www.atcouncil.org (accessed April 30, 2010).

18. ATC (Applied Technology Council), 2010. Here Today—Here Tomorrow: The Road to Earthquake Resilience in San Francisco. A Community Action Plan for Seismic Safety.

19. ATC-52-2. Redwood City, CA. Ballantyne, D., 2007. Seattle Fault Earthquake Scenario. Presented at the New Madrid Earthquake Scenario Workshop, St. Louis, MO, April 20. Available at www.eeri.org/site/images/projects/newmadrid/6-nmes-wshop-seattle-scen-balantyne.pdf (accessed April 30, 2010).

20. Berke, P.R., and T.J. Campanella, 2006. Planning for Postdisaster Resiliency. The ANNALS 604: 192–207.

21. Berke, P.R., J. Kartez, and D. Wenger, 1993. Recovery after disaster: Achieving sustainable development, mitigation and equity. Disasters 17: 93–109.

22. Blumstein, C., and S. Wiel, 1999. Public-interest research and development in the electric and gas utility industries. *Utilities Policy* 7: 191–199

23. Boettke, P., E. Chamlee-Wright, P. Gordon, S. Ikeda, P. Leson, II, and R. Sobel, 2007. Political, Economic and Social Aspects of Katrina. *Southern Economic Journal* 74: 363–376.

24. Borque, L., 2001. TriNet Policy Studies and Planning Activities in Real-Time Earthquake Early Warning: Task 1 Report, Survey of Potential Early Warning System Users. Los Angeles, CA: UCLA.

25. Bruneau, M., S.E. Chang, R.T. Eguchi, G.C. Lee, T.D. O'Rourke, A.M. Reinhorn, M. Shinozuka, K. Tierney, W.A. Wallace, and D. von Winterfeldt, 2003. A framework to quantitatively assess and enhance the seismic resilience of communities. *Earthquake Spectra* 19: 733–752.

26. Burby, R.J., ed., 1998. Cooperating with Nature: Confronting Natural Hazards with Land-Use Planning for Sustainable Communities. Washington, DC: Joseph Henry Press.

27. Burns, W. J., and P. Slovic, 2007. The diffusion of fear: Modeling community response to a terrorist strike. JDMS: *The Journal of Defense Modeling and Simulation: Applications, Methodology, Technology* 4: 298–317.

28. Burns, W.J., R.J. Hofmeister, and Y. Wang, 2008. Geologic hazards, earthquake and landslide hazard maps, and future earthquake damage estimates for six counties in the Mid/Southern Willamette Valley including Yamhill, Marion, Polk, Benton, Linn, and

Lane Counties, and the City of Albany, Oregon, Oregon Department of Geology and Mineral Industries, *IMS*-24, 121 pp., scale 1:422,400.

29. CARRI (Community and Regional Resilience Institute), 2010. Toward a Common Framework for Community Resilience. Oak Ridge, TN: ORNL.
30. CGS (California Geological Survey), 1982. Planning Scenario for a Magnitude 8.3 Earthquake on the San Andreas Fault in the San Francisco Bay Area, California. SP061. Sacramento, CA: CGS.
31. CGS (California Geological Survey), 1987. Planning Scenario for a Magnitude 7.5 Earthquake on the Hayward Fault in the San Francisco Bay Area, California. SP078. Sacramento, CA: CGS.
32. CGS (California Geological Survey), 1988. Planning Scenario for a Major Earthquake on the Newport-Englewood Fault zone (Los Angeles and Orange Counties, California). SP099. Sacramento, CA: CGS.
33. CGS (California Geological Survey), 1993. Planning Scenario for a Major Earthquake on the San Jacinto fault in the San Bernardino area. SP100. Sacramento, CA: CGS.
34. CGS (California Geological Survey), 1995. Planning Scenario in Humboldt and Del Norte Counties for a Great Earthquake on the Cascadia Subduction Zone. SP115. Sacramento, CA: CGS.
35. Chang, S.E., 2009. Conceptual Framework of Resilience for Physical, Financial, Human, and Natural Capital, School of Community and Regional Planning, University of British Columbia, Burnaby, BC.
36. Chang, S.E., 2010. Urban disaster recovery: a measurement framework with application to the 1995 Kobe earthquake. Disasters 34(2): 303–327.
37. Chang, S.E. and M. Shinozuka, 2004. Measuring improvements in the disaster resilience of communities. *Earthquake Spectra* 20: 739–755.

38. Chen, R., D. Branum, and C. Wills, 2009, HAZUS loss estimates for California scenario earthquakes, California Geological Survey.

39. Comfort, L., 1999. Shared Risk: Complex Seismic Response. New York: Pergamon.

40. Cox, A., F. Prager and A. Rose. 2011. Transportation security and the role of resilience: A foundation for operational metrics. *Transport Policy* 18: 307–317.

41. CREW (The Cascadia Region Earthquake Workgroup), 2005. Cascadia Subduction Zone Earthquakes: A Magnitude 9.0 Earthquake Scenario. Publication 0-05-05. Salem, OR: Oregon Department of Geology and Mineral Industries.

42. Crone, A.J. and R.L. Wheeler, 2000. Data for Quaternary Faults, Liquefaction Features, and Possible Tectonic Features in the Central and Eastern United States, East of the Rocky Mountain Front. U.S. Geological Survey Open-File Report 00-0260. Denver, CO: USGS.

43. Crowell, B.W., Y. Bock, and M.B. Squibb, 2009. Demonstration of earthquake early warning using total displacement waveforms from real-time GPS networks. *Seismological Research Letters* 80(5): 772–782.

44. Cutter, S.L., (ed.), 2001. American Hazardscapes: The Regionalization of Hazards and Disasters. Washington, DC: Joseph Henry Press.

45. Cutter, S.L., B.J. Boruff, and W.L. Shirley, 2003. Social vulnerability to environmental hazards. *Social Science Quarterly* 84: 242–261.

46. Cutter, S.L., L. Barnes, M. Berry, C. Burton, E. Evans, E. Tate, and J. Webb, 2008a. Community and regional resilience: Perspectives from hazards, disasters, and emergency management. CARRI Research Report 1. Oak Ridge, TN: Oak Ridge National Lab.

47. Cutter, S.L., L. Barnes, M. Berry, C. Burton, E. Evans, E. Tate, and J. Webb, 2008b. A placebased model for understanding community resilience to natural disasters. *Global*

*Environmental Change* 18: 598–606.

48. Cutter, S.L., C. Burton, and C. Emrich, 2010. Disaster resilience indicators for benchmarking baseline conditions. *Journal of Homeland Security and Emergency Management* 7: Article 51.
49. DHS (U.S. Department of Homeland Security), 2006. National Infrastructure Protection Program. Available at www.fas.org/irp/agency/dhs/nipp.pdf (accessed April 30, 2010).
50. DHS (U.S. Department of Homeland Security), 2009. National Infrastructure Protection Plan: Partnering to Enhance Protection and Resiliency. Washington, DC: U.S. Department of Homeland Security. Available at www.dhs.gov/xlibrary/assets/NIPP_Plan.pdf (accessed August 5, 2010).
51. Drabek, T.E., 2010. *The Human Side of Disaster*. Boca Raton, FL: CRC Press, Taylor and Francis Group.
52. EarthScope, 2007. EarthScope Facility Operation and Maintenance: October 1, 2008–September 30, 2018. Proposal to the National Science Foundation. Volume I. Available at www.earthscope.org/es_doc/oandm/OandM_Volume_I.pdf (accessed October 1, 2010).
53. EERI (Earthquake Engineering Research Institute), 1996. Scenario for a 7.0 Magnitude Earthquake on the Hayward Fault. Oakland, CA: EERI.
54. EERI (Earthquake Engineering Research Institute), 2003a. Collection & Management of Earthquake Data: Defning Issues for an Action Plan. Oakland, CA: EERI.
55. EERI (Earthquake Engineering Research Institute), 2003b. Securing Society against Catastrophic Earthquake Losses: A Research and Outreach Plan in Earthquake Engineering. Oakland, CA: EERI.
56. EERI (Earthquake Engineering Research Institute), 2005. Scenario for a Magnitude 6.7 Earthquake on the Seattle Fault. Oakland, CA: EERI and the Washington Military

Department Emergency Management Division.

57. EERI (Earthquake Engineering Research Institute), 2008. Contributions of Earthquake Engineering to Protecting Communities and Critical Infrastructure from Multihazards. Oakland, CA: EERI.

58. Ehrlich, I., and G. Becker, 1972. Market insurance, self insurance and self protection. *Journal of Political Economy* 80: 623–648.

59. Elnashai, A.S., T. Jefferson, F. Fiedrich, L.J. Cleveland, and T. Gress, 2009. Impact of New Madrid Seismic Zone Earthquakes on Central USA. Mid-America Earthquake Center Report, No. 09-03, Vol. 1.

60. Emmer, R., L. Swann, M. Schneider, S. Sempier, and T. Sempier, 2008. Coastal Resiliency Index: A Community Self-Assessment. MASGP-08-014. Washington, DC: National Oceanic and Atmospheric Administration.

61. Feinstein, D., 2001. S. 424: A bill to provide incentives to encourage private sector efforts to reduce earthquake losses, to establish a natural disaster mitigation program, and for other purposes. Presented to the Committee on Finance. In Congressional Record—Senate, March 1, 2001, 147(26), Washington, DC: U.S. Government Printing Offce, pp.S1754-S1760.

62. FEMA (Federal Emergency Management Agency), 1985a. An Action Plan for Reducing Earthquake Hazards of Existing Buildings. FEMA 90. Washington, DC.

63. FEMA (Federal Emergency Management Agency), 1985b. Proceedings of the Workshop on Reducing Seismic Hazards of Existing Buildings. FEMA 91. Washington, DC.

64. FEMA (Federal Emergency Management Agency), 1995. Plan for Developing and Adopting Seismic Design Guidelines and Standards for Lifelines. FEMA Report 271. Washington, DC.

65. FEMA (Federal Emergency Management Agency), 1997a. NEHRP Guidelines for the

Seismic Rehabilitation of Buildings. FEMA Report 273. Washington, DC.

66. FEMA (Federal Emergency Management Agency), 1997b. Report on Costs and Benefts of Natural Hazards Mitigation. FEMA Report 294. Washington, DC.

67. FEMA (Federal Emergency Management Agency), 2001. HAZUS 99 Estimated Annualized Earthquake Losses for the United States. FEMA Report 366. Washington, DC.

68. FEMA (Federal Emergency Management Agency), 2005. Improvement of Nonlinear Static Seismic Analysis Procedures. FEMA 440. Washington, DC.

69. FEMA (Federal Emergency Management Agency), 2006. Techniques for the Seismic Rehabilitation of Existing Buildings. FEMA 547. Washington, DC.

70. FEMA (Federal Emergency Management Agency), 2008. HAZUS-MH Estimated Annualized Earthquake Losses for the United States. FEMA 366. Washington, DC.

71. FEMA (Federal Emergency Management Agency), 2009a. Quantifcation of Building Seismic Performance Factors. FEMA Report P-695. Washington, DC.

72. FEMA (Federal Emergency Management Agency), 2009b. NEHRP Recommended Provisions for New Buildings and Other Structures. FEMA Report P-750. Washington, DC.

73. Field, E.H., H.A. Seligson, N. Gupta, V. Gupta, T.H. Jordan, and K. Campbell, 2005. Loss estimates for a Puente Hills blind-thrust earthquake in Los Angeles, California, Earthquake Spectra 21: 329–338.

74. Field, E.H., T.E. Dawson, K.R. Felzer, A.D. Frankel, V. Gupta, T.H. Jordan, T. Parsons, M.D. Petersen, R.S. Stein, R.J. Weldon II, and C.J. Wills, 2007. The Uniform California Earthquake Rupture Forecast, Version 2 (UCERF 2). Prepared in cooperation with the California Geological Survey and the Southern California Earthquake Center. USGS Open File Report 2007-1437.

75. Flynn, S., 2008. America the resilient: Defying terrorism and mitigating natural resources. *Foreign Affairs* 87: 2.

76. Foster, K.A., 2007. A Case Study Approach to Understanding Regional Resilience. Working Paper 2007–08. Institute of Urban and Regional Development, University of California, Berkeley.

77. Frankel, A., C. Mueller, T. Barnhard, D. Perkins, E. Leyendecker, N. Dickman, S. Hanson, and M. Hopper, 1996. National Seismic Hazard Mapping Program, National SeismicHazard Maps: Documentation June 1996. Open File Report 96-532. Washington, DC: U.S. Geological Survey.

78. Frankel, A., M.D. Petersen, C.S. Muller, K.M. Haller, R.L. Wheeler, E.V. Leyendecker, R.L. Wesson, S.C. Harmsen, C.H. Cramer, D.M. Perkins, and K.S. Rukstales, 2002.

79. National Seismic Hazard Mapping Program, Documentation for the 2002 Update of the National Seismic Hazard Maps. Open File Report 2002-420. Washington, DC: U.S. Geologic Survey.

80. Gerstenberger, M., L.M. Jones, and S. Wiemer, 2007. Short-term aftershock probabilities: case studies in California. *Seismological Research Letters* 78: 66–77. DOI: 10.1785/gssrl.78.1.66.

81. Giesecke, J., W.J. Burns, A. Barrett, E. Bayrak, A. Rose, and M. Suher, 2010. Assessment of the Regional Economic Impacts of Catastrophic Events: CGE Analysis of Resource Loss and Behavioral Effects of an RDD Attack Scenario. Risk *Analysis*, forthcoming.

82. Gigerenzer, G., 2004. Fast and frugal heuristics: The tools of bounded rationality. Pp. 62–88 in D. Koehler and N. Harvey (eds.), Blackwell Handbook of Judgment and Decision Making. Oxford, England: Blackwell.

83. Gladwell, M., 2000. *The Tipping Point*: *How Little Things Can Make a Big Difference*. New York: Little, Brown and Company.

84. Godschalk, D.R., 2003. Urban hazard mitigation: Creating resilient cities. Natural Hazards Review 4: 136–143.

85. Godschalk, D.R., A. Rose, E. Mittler, K. Porter, and C.T. West, 2009. Estimating the value of foresight: Aggregate analysis of natural hazard benefts and costs. *Journal of Environmental Planning and Management* 52: 739–756.

86. Graves, R., S. Callaghan, P. Small, G. Mehta, K. Milner, G. Juve, K. Vahi, E. Field, E. Deelman, D. Okaya, P. Maechling, and T.H. Jordon, 2010. Full waveform physics-based probablistic seismic hazard calculations for Southern California using the SCEC Cyber Shake platform. The University of Tokyo, Symposium on Long Period Ground Motion and Urban Disaster Mitigation, Japan, March 17–18, 2010.

87. Grubesic, T.H., T.C. Matisziw, A.T. Murray, and D. Snediker, 2008. Comparative approaches for assessing network connectivity and vulnerability. *International Regional Science Review* 31: 88–112.

88. Haimes, Y., 2009. On the defnition of resilience in system. *Risk Analysis* 29: 498–501.

89. Hammond, W.C., B.A. Brooks, R. Bürgmann, T. Heaton, M. Jackson, and A.R. Lowry. 2010.

90. The Scientifc Value of High-Rate, Low-Latency GPS Data. A White Paper by the EarthScope Plate Boundary Observatory Advisory Committee. August. Available at www.unavco.org/research_science/science_highlights/2010/RealTimeGPSWhitePaper2010.pdf (accessed October 4, 2010).

91. Heal, G., and H. Kunreuther, 2007. Modeling interdependent risks. *Risk Analysis* 27: 621–633.

92. Heikkla, E., and Y. Wang, 2009. Fujita and Ogawa revisited: an agent-based modeling approach. *Environment and Planning B: Planning and Design* 36: 741–756.

93. Helz, R.L., 2005. Monitoring Ground Deformation from Space. Fact Sheet 2005-3025.

July. Reston, VA: U.S. Geological Survey.

94. Holmes, W.T., 2002. Background and History of the Seismic Hospital Program in California. Proceedings, Seventh U.S. National Conference on Earthquake Engineering, July 21-25, 2005, Boston, MA. Earthquake Engineering Research Institute, Oakland, CA.

95. ImageCat, Inc., and ABS Consulting, 2006. Data Standardization Guidelines for Loss Estimation–Populating Inventory Databases for HAZUS®$^{MH}$ MR-1. Prepared for the California Governor's Offce of Emergency Services. Available at www.usehazus.com/docs/loss_estimation_guide.pdf (accessed February 9, 2011).

96. Jackson, T., 2005. Live better by consuming less? Is there a "double dividend" in sustainable consumption? *Journal of Industrial Ecology* 9: 19–36.

97. Johnson, L.A., 2009. Developing a Management Framework for Local Disaster Recovery: A study of the U.S. disaster recovery management system and the management processes and outcomes of disaster recovery in 3 U.S. cities. Dissertation submitted in partial fulfllment of the Doctoral Degree, School of Informatics, Kyoto University. March.

98. Jones, L.M., 1991. Short-term Earthquake Hazard Assessment for the San Andreas Fault in southern California. U.S. Geological Survey Open File Report 91–32.

99. Jones, L.M., R. Bernknopf, D. Cox, J. Goltz, K. Hudnut, D. Mileti, S. Perry, D. Ponti, K. Porter, M. Reichle, H. Seligson, K. Shoaf, J. Treiman, and A. Wein, 2008. The ShakeOut Scenario: U.S. Geological Survey Open-File Report 2008-1150 and California Geological Survey Preliminary Report 25. Available at pubs.usgs.gov/of/2008/1150/ (accessed August 13, 2010).

100. Jordan, T.H., and L.M. Jones, 2010. Operational earthquake forecasting: some thoughts on why and how. *Seismological Society of America* 81: 571–574.

101. Jordan, T.H., Y.-T. Chen, P. Gasparini, R. Madariaga, I. Main, W. Marzocchi, G. Papadopoulos, G. Sobolev, K. Yamaoka and J. Zschau, 2009. *Operational Earthquake Forecasting: State of Knowledge and Guidelines for Implementation*. Findings and Recommendations of the International Commission on Earthquake Forecasting for Civil Protection, Dipartimento della Protezione Civile, Rome, Italy, October 2, 2009.

102. Kajitani, Y., and H. Tatano, 2007. Estimation of lifeline resilience factors based on empirical surveys of Japanese industries. *Earthquake Spectra* 25: 755–776.

103. Kamigaichi, O., M. Saito, K. Doi, T. Matsumori, S. Tsukada, K. Takeda, T. Shimoyama, K. Nakamura, M. Kiyomoto, and Y. Watanabe, 2009. Earthquake early warning in Japan: Warning the general public and future prospects. *Seismology Research Letters* 80: 717–726.

104. Kircher, C.A., H.A. Seligson, J. Bouabid, and G.C. Morrow, 2006. When the Big One strikes again—estimated losses due to a repeat of the 1906 San Francisco earthquake. *Earthquake Spectra* 22: S297–S339.

105. Kreps, G.A., 2001. "Disasters, sociology of." Pp. 3719–3721 in N. Smelser and P. Bates (eds.), International Encyclopedia of the Social and Behavioral Sciences, Vol. 6. Oxford, UK: Elsevier.

106. Kreps, G.A., and T.E. Drabek, 1996. Disasters are non-routine social problems. *International Journal of Mass Emergencies and Disasters* 14: 129–153.

107. Kreps, G.A., and S.L. Bosworth, 2006. Organizational adaptation to disaster. Pp. 297–316 in *Handbook of Disaster Research*, H. Rodriguez, E.L. Quarantelli, and R.R. Dynes (eds.), New York: Springer.

108. Kunreuther, H., and R.R. Roth (eds.), 1998. Paying the Price: The Status and Role of Insurance against Natural Disasters in the United States. Washington, DC: Joseph Henry Press.

109. Kunreuther, H., R. Ginsberg, L. Miller, P. Sagi, P. Slovic, B. Borkan, and N. Katz, 1978. Disaster Insurance Protection: Public Policy Lessons. New York: Wiley Interscience.

110. Kunreuther, H., R. Meyer, and C. Van den Bulte, 2004. Risk Analysis for Extreme Events: *Economic Incentives for Reducing Future Losses*. NIST Technical Report GCR 04-871. Washington, DC: National Institute of Standards and Technology.

111. Kverndokk, S., and A. Rose, 2008. Equity and justice in global warming policy. International Review of Environmental and Resource Economics 2(2): 135–176.

112. Lancieril, M., and A. Zollo, 2008. A Bayesian approach to the real-time estimation of magnitude from the early P and S wave displacement peaks. *Journal of Geophysical Research* 113 (B12302).

113. Lawson, A.C., 1908. The California Earthquake of April 18, 1906: Report of the State Earthquake Investigation Commission. Publication 87, 2 vols. Washington, DC: Carnegie Institution.

114. Luco, N., and E. Karaca, 2007. Extending the USGS National Seismic Hazard Maps and ShakeMaps to probabilistic building damage and risk maps. In *Proceedings of the 10th International Conference on Applications of Statistics and Probability in Civil Engineering*, Tokyo, Japan.

115. McCalpin, J.P., ed., 2009. Paleoseismology (2nd Edition). San Diego, CA: Academic Press.

116. McDaniels, T., S.E. Chang, D. Cole, J. Mikawoz, and H. Longstaff, 2008. Fostering resilience to extreme events within infrastructure systems: Characterizing decision contexts for mitigation and adaptation. *Global Environmental Change* 18: 310–318.

117. MCEER (Multidisciplinary Center for Earthquake Engineering Research), 2008. MCEER research: Enabling disaster-resilient communities. *Seismic Waves* (November) 1–2. Available at www.nehrp.gov/pdf/SeismicWavesNov08.pdf (accessed October 4,

2010).

118. Mendonca, D., 2007. Decision support for improvisation in response to the 2001 World Trade Center attack. *Decisions Support Systems* 43: 952–967.

119. Miles, S.B., and S.E. Chang, 2006. Modeling community recovery from earthquakes. *Earthquake Spectra* 22: 439–458.

120. Mileti, D., 1999. Disasters by Design: A Reassessment of Natural Hazards in the United States. Washington, DC: The Joseph Henry Press.

121. MMC (Multihazard Mitigation Council), 2005. Natural Hazard Mitigation Saves: An Independent Study to Assess the Future Savings from Mitigation Activities. Washington, DC: National Institute of Building Sciences. Available at www.nibs.org/index.php/ mmc/projects/nhms/ (accessed June 30, 2010).

122. Muto, M., S. Krishnan, J.L. Beck, and J. Mitrani-Reiser, 2008. Seismic loss estimation based on end-to-end simulation. Pp. 215–220 in F. Biodini and D.M. Frangopol (eds.), Life-Cycle Civil Engineering. London: CRC Press.

123. Navrud, S., and R. Ready (eds.) 2002. Valuing Cultural Heritage: Applying Environmental Valuation Techniques to Historic Buildings, Monuments and Artifacts. Northampton, MA: Edward Elgar Publishing.

124. NEHRP (National Earthquake Hazards Reduction Program), 2007. Program Overview. Available at www.nehrp.gov/pdf/nehrp_acehr_ppt.pdf (accessed August 13, 2010).

125. NHC (Natural Hazards Center), 2006. Holistic Disaster Recovery: Ideas for Building Local Sustainability after a Natural Disaster. Boulder, Colorado: University of Colorado.

126. NIBS (National Institute of Building Sciences), 1989. Strategies and Approaches for Implementing a Comprehensive Program to Mitigate the Risk to Lifelines from Earthquakes and Other Natural Hazards. Washington, DC: NIBS. Catalog No. 5047–8.

127. NIBS (National Institute of Building Sciences), 2007. *American Lifelines Alliance Workshop on Unifed Data Collection*. Washington, DC: NIBS. November. Available at www. americanlifelinesalliance.org/pdf/ALAdatawkshprpt.pdf (August 13, 2010).

128. NIST (National Institute of Standards and Technology), 1996. Proceedings of a Workshop on Developing and Adopting Seismic Design and Construction Standards for Lifelines. NISTIR 5907. Gaithersburg, MD.

129. NIST (National Institute of Standards and Technology), 1997. Recommendations of the Lifeline Policymakers Workshop. NISTIR 6085. Gaithersburg, MD.

130. NIST (National Institute of Standards and Technology), 2008. Strategic Plan for the National Hazards Reduction Program: Fiscal Years 2009-2013. Gaithersburg, MD. Available at nehrp.gov/pdf/strategic_plan_2008.pdf (accessed October 4, 2010).

131. NIST (National Institute of Standards and Technology), 2009. Research Required to Support the Full Implementation of Performance-based Seismic Design. NIST Report GCR 09-917-2. Gaithersburg, MD.

132. Norris, F.H., S.P. Stevens, B. Pfefferbaum, K.F. Wyche, and R.L. Pfefferbaum, 2008. Community resilience as a metaphor, theory, set of capacities, and strategy for disaster readiness. *American Journal of Community Psychology* 41: 127–150.

133. NRC (National Research Council), 2001. Review of EarthScope Integrated Science. Washington, DC: National Academy Press.

134. NRC (National Research Council), 2003. Living on an Active Earth: Perspectives on Earthquake Science. Washington, DC: The National Academies Press.

135. NRC (National Research Council), 2006a. Facing Hazards and Disasters: Understanding Human Dimensions. Washington, DC: The National Academies Press.

136. NRC (National Research Council), 2006b. Improved Seismic Monitoring—Improved Decision-Making: Assessing the Value of Reduced Uncertainty. Washington, DC: The

National Academies Press.

137. NRC (National Research Council), 2006c. CLEANER and NSF' s Environmental Observatories. Washington, DC: The National Academies Press.

138. NRC (National Research Council), 2007. Improving Disaster Management: The Role of IT in Mitigation, Preparedness, Response, and Recovery. Washington, DC: The National Academies Press.

139. NRC (National Research Council), 2009. Sustainable Critical Infrastructure Systems—A Framework for Meeting 21st Century Imperatives. Washington, DC: The National Academies Press.

140. NRC (National Research Council), 2010. Tsunami Warning and Preparedness: An Assessment of the U.S. Tsunami Program and the Nation's Preparedness Efforts. Washington, DC: The National Academies Press.

141. O' Rourke, T., 2009. Testimony to the Subcommittee on Technology Innovation. U.S. House of Representatives Committee on Science on the Reauthorization of the National Earthquake Hazards Reduction Program. June 11.

142. Olsen, K.B., S. Day, J.B. Minster, Y. Cui, A. Chourasia, M. Faerman, R. Moore, P. Maechling, and

143. T. H. Jordan, 2006. Strong Shaking in Los Angeles Expected From Southern San Andreas Earthquake. *Geophysical Research Letters* 33, L07305. DOI:10.1029/2005GL025472.

144. Olshansky. R., and S. Chang, 2009. Planning for disaster recovery: emerging research needs and challenges. *Journal of Progress in Planning* 200-209.

145. Olshansky, R., L. Johnson, and K. Topping, 2006. Rebuilding communities following disaster: Lessons from Kobe and Los Angeles. *Built Environment* 32: 354–374.

146. Peacock, W.G., H. Kunreuther, W.H. Hooke, S.L. Cutter, S.E. Chang, and P.R. Berke,

2008. Toward a Resiliency and Vulnerability Observatory Network: RAVON. College Station, TX: Hazard Reduction and Recovery Center, Texas A&M University. HRRC report 08-02-R.

147. Perry, S., D. Cox, L. Jones, R. Bernknopf, J. Goltz, K. Hudnut, D. Mileti, D. Ponti, K. Porter,

148. M. Reichle, H. Seligson, K. Shoaf, J. Treiman, and A. Wein, 2008. The ShakeOut Earthquake Scenario—A story that southern Californians are writing. USGS Circular 1324.

149. Petak, W.J., and A.A. Atkisson, 1982. Natural Hazard Risk Assessment and Public Policy. New York: Springer-Verlag.

150. Petersen, M.D., A.D. Frankel, S.C. Harmsen, C.S. Mueller, K.M. Haller, R.L. Wheeler, R. L. Wesson, Y. Zeng, O.S. Boyd, D.M. Perkins, N. Luco, E.H. Field, C.J. Wills, and K.S.Rukstales, 2008. Documentation for the 2008 Update of the United States National Seismic Hazard Maps. U.S. Geological Survey Open-File Report 2008–1128. Washington, DC: USGS.

151. PIMS Project Team, 2008. Post-Earthquake Information Management System (PIMS) Scoping Study. Prepared for the American Lifelines Alliance. September 8. Champaign, IL: University of Illinois.

152. Porter, K.A., J.A. Beck, and R.V. Shaikhutdinov, 2002. Sensitivity of building loss estimates to major uncertain variables. *Earthquake Spectra* 18: 719–743.

153. Porter, K.A., S. Hellman, T. McLane, and C. Carlisle, 2010. ROVER: Rapid Observation of Vulnerability and Estimation of Risk. Denver, CO: SPA Risk, LLC. Available at www.sparisk.com/pubs/ATC67-2010-ROVER-flyer.pdf (accessed August 16, 2010).

154. Pritchard, M.E., 2006. InSAR, a tool for measuring Earth's surface deformation.

Physics Today (July): 68–69. Available at www.geo.cornell.edu/eas/PeoplePlaces/Faculty/matt/vol59no7p68_69.pdf.

155. R&C (Rutherford & Chekene Consulting Engineers), 2004. Superior Courts of California, Seismic Assessment Program: Summary Report of Preliminary Findings. Prepared for the California Administrative Offce of the Courts, San Francisco, CA. Available at www.courtinfo.ca.gov/reference/documents/seismic0104.pdf (accessed October 6, 2010).

156. Renschler, C.S., M.W. Doyle, and M. Thoms, 2007. Geomorphology and ecosystems: Challenges and keys for success in bridging disciplines. *Geomorphology* 89: 1–8.

157. RMS (Risk Management Solutions, Inc.), 2008. 1868 Hayward Earthquake: 140-year retrospective. RMS Special Report. Available at www.rms.com/Publications/1868_Hayward_Earthquake_Retrospective.pdf (accessed August 16, 2010).

158. Roberts, E.B. and F.P. Ulrich, 1950. Seismological activities of the US coast and geodetic survey in 1948. *Bulletin of the Seismological Society of America* 40: 195–216.

159. Rogers, E.M., 2003. Diffusion of Innovations (5th Edition). New York: Free Press.

160. Rose, A., 2002. Model validation in estimating higher-order economic losses from natural hazards. Pp. 105–131 in *Acceptable Risk to Lifeline Systems from Natural Hazard Threats*, C. Taylor and E. Van Marcke (eds.), New York: American Society of Civil Engineers.

161. Rose, A., 2004. Defning and measuring economic resilience to disasters. *Disaster Prevention and Management* 13: 307–314.

162. Rose, A., 2005. Analyzing terrorist threats to the economy: A computable general equilibrium approach. Pp. 196–217 in Economic Impacts of Terrorist Attacks, H. Richardson,P. Gordon, J. Moore (eds.), Cheltenham, UK: Edward Elgar.

163. Rose, A., 2007. Economic resilience to natural and man-made disasters:

Multidisciplinary origins and contextual dimensions. *Environmental Hazards* 7: 383–395.

164. Rose, A., 2009. Economic Resilience to Disasters. Final Report to the Community and Regional Resilience Institute (CARRI). CARRI Research Report 8. Available at www.resilientus.org/library/Research_Report_8_Rose_1258138606.pdf (accessed August 16, 2010).

165. Rose, A., and S. Liao, 2005. Modeling regional economic resilience to disasters: A computable general equilibrium analysis of a water service disruption. *Journal of Regional Science* 45: 75–112.

166. Rose, A., and D. Wei, 2007. Indirect loss estimation for water systems. RAMCAP Loss Estimation Software. Washington, DC: ASME Institute.

167. Rose, A., and T. Szelazek, 2010. An Analysis of the Business Continuity Industry. Center for Risk and Economic Analysis of Terrorism Events (CREATE), University of Southern California, Los Angeles, CA.

168. Rose, A., G. Oladosu, B. Lee, and G. Beeler-Asay, 2009. The economic impacts of the 2001 terrorist attacks on the World Trade Center: A Computable General Equilibrium Analysis. *Peace Economics, Peace Science, and Public Policy* 15: Article 4.

169. Rose, A., J. Benavides, S. Chang, P. Szczesniak, and D. Lim, 1997. The regional economic impact of an earthquake: Direct and indirect effects of electricity lifeline disruptions. *Journal of Regional Science* 37: 437–458.

170. Rose, A., K. Porter, J. Bouabid, C. Huyck, J. Whitehead, D. Shaw, R. Eguchi, T. McLane, L.T. Tobin, P.T. Ganderton, D. Godschalk, A.S. Kiremidjian, K. Tierney, and C.T. West, 2007. Beneft-cost analysis of FEMA hazard mitigation grants. *Natural Hazards Review* 8: 97–111.

171. Rose, A., S. Liao, and A. Bonneau. In press. Regional economic impacts of a Verdugo

earthquake disruption of Los Angeles water supplies: A computable general equilibrium analysis, Earthquake Spectra, forthcoming.

172. Rose, A., D. Wei, and A. Wein. In press. Economic Impacts of the ShakeOut Scenario. *Earthquake Spectra*, forthcoming.

173. Rowshandel. B., M. Reichle, C. Wills, T. Cao, M. Petersen, D. Branum, and J. Davis., 2003, Estimation of Future Earthquake Losses in California. California Geological Survey.

174. Rubin, C., 1985. Community Recovery from a Major Natural Disaster. Monograph No. 41: University of Colorado Program on Environment and Behavior, Institute of Behavioral Science.

175. Schmidtlein, M.C., R.C. Deutsch, W.W. Piegorsch, and S.L. Cutter, 2008. Building indexes of vulnerability: A sensitivity analysis of the social vulnerability index. *Risk Analysis* 28: 1099–1114.

176. Schwab, J., 1998. Planning for Post-Disaster Recovery and Reconstruction. Planning Advisory Service Report Number 483/484. Chicago, IL: American Planning Association.

177. Schweitzer, L. 2006. Environmental justice and hazmat transport: A spatial analysis in Southern California. *Transportation Research Part D: Transport and Environment*,11(6): 408–421.

178. SDR (Subcommittee on Disaster Reduction), 2005. Grand Challenges for Disaster Reduction. National Science and Technology Council (NSTC) Committee on Environment and Natural Resources. Available at www.sdr.gov/GrandChallengesSecondPrinting.pdf (accessed August 13, 2010).

179. Seligson, H., 2007. HAZUS Modeling for the 1906 San Francisco Earthquake Scenario: Lessons Learned & Suggestions for a New Madrid Earthquake Scenario. Presentation

to the New Madrid Earthquake Scenario Workshop, April 20, St. Louis, MO. Available at www.eeri.org/site/images/projects/newmadrid/7-nmes-wshop-sf-scen-seligson.pdf (accessed at August 16, 2010).

180. Shearer, P., and R. Bürgmann, 2010. Lessons learned from the 2004 Sumatra-Andaman megathrust rupture. *Annual Review of Earth and Planetary Sciences* 38: 103–131.

181. Shinozuka, M., A. Rose, and R. Eguchi, 1998. Engineering and Socioeconomic Impacts of Earthquakes: An Analysis of Electricity Lifeline Disruptions in the New Madrid Area. MCEER-98-MN02. Buffalo, NY: University of Buffalo.

182. Smith, V. K., C. Mansfeld, and A. Strong, 2008. Can the Economic Value of Security be Measured? Department of Economics, Arizona State University, Phoenix, AZ.

183. Soong, T. T., S. Y. Chu, and A. M. Reinhorn, 2005. Active, Hybrid, and Semi-active Structural Control: A Design and Implementation Handbook. John Wiley & Sons, Inc.

184. Spencer, B., and T.T. Soong, 1999. New applications and development of active, semi-active and hybrid control techniques for seismic and non-seismic vibration in the USA. Proceedings of International Post-SMiRT Seminar on Seismic Isolation, Passive Energy Dissipation and Active Vibration of Structures, Cheju, Korea, August 23-25.

185. SPUR (San Francisco Planning and Urban Research Association), 2009. The Resilient City. Part I: Before the Disaster. San Francisco, CA: SPUR. Available at www.spur.org/publications/library/report/theresilientcity_part1_020109 (accessed August 13, 2010).

186. Sternberg, E., and K. Tierney, 1998. Planning for Robustness and Resilience: The Northridge and Kobe Earthquakes and Their Implications for Reconstruction and Recovery. Paper presented at US-Japan Workshop on Post-disaster Recovery, Newport Beach, CA, August 24–25.

187. Swift, J.N., L.L. Turner, J. Benoit, J.C. Stepp, and C.J. Roblee, 2004. Archiving and Web Dissemination of Geotechnical Data: Development of a Pilot Geotechnical Virtual

Data Center, Final Report. PEER Lifelines Project 2L02. Berkeley, CA: PEER Lifelines Program, University of California, Berkeley.

188. Tantala, M., G. Nordenson, G. Deodatis, K. Jacob, B. Swiren, M. Augustyniak, A. Dargush, M. Marrocolo, and D. O' Brien, 2003. Earthquake Risks and Mitigation in the New York, New Jersey, Connecticut Region, NYCEM. Final Summary Report, MCEER -03-SP02. Buffalo, NY: MCEER.

189. Terra, F.M., I.G. Wong, A. Frankel, D. Bausch, T. Biasco, and J.D. Schelling, 2010. HAZUS analysis of 15 earthquake scenarios in the state of Washington. *Seismological Research Letters* 81: 336.

190. Thompson, C., 2008. Is the tipping point toast? *Fast Company Magazine*, Issue 122, February.Available at www.fastcompany.com/magazine/122/is-the-tipping-point-toast.html (accessed October 6, 2010).

191. Tierney, K.J., 1994. Business Vulnerability and Disruption: Data from the Midwest Floods. Paper presented at the 41st North American Meetings of the Regional Sciences Association International, Niagara Falls, Ontario, November 16–20.

192. Tierney, K.J., 1997. Impacts of recent disasters on businesses: The 1993 Midwest floods and the 1994 Northridge earthquake. Pp. 189–222 in *Economic Consequences of Earthquakes: Preparing for the Unexpected*, B. Jones (ed.), Buffalo, NY: National Center for Earthquake Engineering Research.

193. Tierney, K.J., 2007. From the margins to the mainstream? Disaster research at the crossroads. *Annual Review of Sociology* 33: 503–525.

194. Tierney, K.J., M.K. Lindell, and R.W. Perry, 2001. Facing the Unexpected: Disaster Preparedness and Response in the United States. Washington, DC: The Joseph Henry Press.

195. Tobin, G.A., 1999. Sustainability and community resilience: The holy grails of hazards

planning? *Environmental Hazards* 1: 13–25.

196. UN ISDR (United Nations International Strategy for Disaster Reduction), 2006. Hyogo Framework for Action 2005-2015: Building the Resilience of Nations and Communities to Disasters. Extract from the fnal report of the World Conference on Disaster Reduction (A/CONF.206/6), March 16, 2005.

197. URS Corporation, Durham Technologies, Inc., ImageCat, Inc., Pacifc Engineering & Analysis, and S&ME, Inc., 2001. Comprehensive Seismic Risk and Vulnerability Study for the State of South Carolina. Final report to the South Carolina Emergency Preparedness Division, Columbia, SC.

198. U.S.-Canada Power System Outage Task Force, 2004. Final Report on the August 14, 2003 Blackout in the United States and Canada: Causes and Recommendations. Available at reports.energy.gov/ (accessed August 16, 2010).

199. USGS (United States Geological Survey), 1999. Requirement for an Advanced National Seismic System. Circular 1188. Available at pubs.usgs.gov/circ/c1188/circular.pdf (accessed October 4, 2010).

200. USGS (United States Geological Survey), 2007. The Plan to Coordinate NEHRP Post-Earthquake Investigations. Prepared in Coordination with the Federal Emergency Management Agency, National Science Foundation, and National Institute of Standards and Technology. USGS Circular 1242. Available at geopubs.wr.usgs.gov/circular/c1242/c1242.pdf (accessed August 16, 2010).

201. Vugrin, E., Warren, D., Ehlen, N., Rose, A., and Barrett, A, 2009. Chemical Supply Chain and Resilience Project: A Resilience Defnition for Use in Economic and Critical Infrastructure Resilience Analysis. Prepared for the U.S. Department of Homeland Security Science and Technology Directorate, Sandia National Laboratories, Albuquerque, NM and National Center for Risk and Economic Analysis of Terrorism

Events (CREATE), University of Southern California, Los Angeles, CA, August 24.

202. Wald, D. J., B. Worden, V. Quitoriano, and J. Goltz, 2001. Practical Applications for Earthquake Scenarios Using ShakeMap. American Geophysical Union, Fall Meeting 2001, abstract #S32D-01.

203. Weaver, C., B.L. Sherrod, R.A. Haugerud, K.L. Meagher, A.D. Franke, S.P. Palmer, and R.J. Blakely, 2005. The scenario earthquake and ground motions. Chapter 1 in M. Stewart, (ed.), Scenario for a Magnitude 6.7 Earthquake on the Seattle Fault. Oakland, CA, EERI, and Camp Murray, WA, Washington Military Department, Emergency Management Division.

204. Webb, G.R., K.J. Tierney, and J.M. Dahlhamer, 2000. Business and disasters: Empirical patterns and unanswered questions. *Natural Hazards Review* 1: 83–90.

205. Whitehead, J., S. Pattanayek, B. Houtven, and B. Gelso, 2008. Combining revealed and stated preference data to estimate the nonmarket value of ecological services: An assessment of the state of the science. *Journal of Economic Surveys* 22: 874–908.

206. Whitehead, J., and A. Rose, 2009. Estimating environmental benefts of natural hazard mitigation: Results from a beneft-cost analysis of FEMA mitigation grants. *Mitigation and Adaptation Strategies for Global Change* 14: 655–676.

207. Whittaker, A.S., and R.C. Krumme, 1993. Structural Control Using Shapememory Alloys. E*Sorb Systems Report No. 9301. Berkeley, CA.

208. Williams, M.L., K.M. Fischer, J.T. Freymueller, B. Tikoff, A.M. Trehu, et al., 2010. Unlocking the Secrets of the North American Continent: An EarthScope Science Plan for 2010-2020, February, 2010. 78 pp. Available at www.earthscope.org/ESSP (accessed October 4, 2010).

209. WGCEP (Working Group on California Earthquake Probabilities), 2008. The Uniform California Earthquake Rupture Forecast, Version 2 (UCERF 2), U.S. Geological Survey

Open File Report 2007-1437. Reston, VA.

210. Zechar, J.D., D. Schorlemmer, M. Liukis, J. Yu, F. Euchner, P.J. Maechling, and T. H. Jordan, 2009. The Collaboratory for the Study of Earthquake Predictability perspectives on computational earth science, *Concurrency & Computation* 22: 1836–1847.

211. Zhang, Y., and W.G. Peacock, 2010. Planning for Housing Recovery? Lessons Learned From Hurricane Andrew. *Journal of the American Planning Association* 76: 1, 5–24.

212. Zielke, O., J. R. Arrowsmith, L. G. Ludwig, and S. O. Akciz, 2010. Slip in the 1857 and Earlier Large Earthquakes Along the Carrizo Plain, San Andreas Fault. DOI:10.1126/science.1182781. Science 327: 1119–1122.

213. Zoback, M.L., and P. Grossi, 2010. The next Hayward earthquake—who will pay? Pp. XXX–XXX in K. Knudsen, J. Baldwin, T. Brocher, R. Burgmann, M. Craig, D. Cushing, P. Hellweg, M. Wiegers, and I. Wog, (eds.), *Proceedings of the Third Conference on Earthquake Hazards in the eastern San Francisco Bay Area*. California Geological Survey, Special Publication xxx.

# 附　录

## 附录A　《2008 NEHRP战略规划》概要

根据 1977 年制定《地震减灾法案》的要求，国家地震减灾计划机构间协调委员会（ICC）向国会提交了 2009 ~ 2013 财年国家地震减灾计划的战略规划，即《2008 NEHRP 战略规划》。该规划列出了一个将由美国联邦紧急事务管理署、美国国家标准与技术研究院、美国国家科学基金会、美国地质调查局 4 个国家地震减灾计划（NEHRP）机构联合实施的地震监测、研究、实施、教育和推广项目。

该战略规划的基础是，NEHRP 的持续成功将基于一个共同的愿景和使命突出 NEHRP 机构及其合作伙伴的联合作用。这个愿景是："建立一个在公共安全、经济实力和国家安全方面具有地震韧弹性的国家"。这个使命是："通过 NEHRP 各个跨学科部门的协调合作，发展、宣传和促进减轻地震灾害的知识、工具和实践，在公共安全、经济实力和国家安全方面提高国家地震韧弹性。"

完成 NEHRP 任务需要发展和应用基于地质学、工程学以及社会科学研究形成的知识；培训领导者和公众；辅助州、地方和私人部门领导者制定标准、政策以及开展实践。为了支撑这项规划，国家地震减灾计划机构建立了 3 方面总体的、长期的战略性目标和 14 个具体目标。

**战略目标 A：**提高对地震过程及影响的认识。

目标 1：进一步认知地震现象和发生过程。

目标 2：进一步认识地震对建筑环境影响。

目标 3：进一步加深对在公共和私人部门实施风险减轻战略有关的社会、行为和经济因素的理解。

目标 4：改善震后信息获取和管理。

**战略目标 B：**制定节约成本的措施以减轻地震对个人、建筑环境和全社会的影响。

目标 5：开展地震危险性评估服务于研究和实际应用。

目标 6：开发先进的损失估算和风险评估工具。

目标 7：开发提高建筑物及其他结构物抗震性能的工具。

目标 8：开发提高关键基础设施抗震性能的工具。

**战略目标 C：**提高全国社区的地震韧弹性。

目标 9：提高地震信息产品的准确性、及时性和丰富性。

目标 10：开展综合的地震风险情景构建和风险评估。

目标 11：制定地震标准和建筑规范并倡导采用和强制实施。

目标 12：促进地震韧弹性措施应用于专业实践和公私政策。

目标 13：增强地震危害和风险的公众意识。

目标 14：发展地震安全领域的国家人力资源基础。

该规划还介绍了 9 项跨领域战略优先事项，这些事项直接支撑战略目标，且为了满足这些战略目标扩大其他正在进行的机构活动，包括：

（1）全面实施美国国家地震监测台网；

（2）改进评估和修复现有建筑物的技术；

（3）进一步发展基于性能的地震工程；

（4）增加与减灾执行有关的经济社会问题的考虑；

（5）建立全国的震后信息管理系统；

（6）开发先进的地震风险减缓技术和做法；

（7）制定生命线构件和系统地震韧弹性指南；

（8）制定和实施行之有效的减轻地震风险和应急救援的计划；

（9）为有效地减轻地震风险、规划应急响应和恢复，开展地震情景构建。

（10）促进改善州和地方的地震减灾措施；

以上展开的战略目标、具体目标和战略优先事项与国家科学与技术委员会减灾分委员会确定的“减灾大挑战：跨部门地震优先实施行动”是一致的。

该战略规划为国家地震减灾计划提供了一个明确的可执行的政策。成功的战略规划和完成项目必须与现有政策相一致，基于现实的假设，并且应对不断变化的条件。项目完成的进度要取决于2009—2013年间国家地震减灾计划机构可利用的资源，该战略规划用来指导国家地震减灾计划机构制定有关资助决定。规划通过之后，国家地震减灾计划机构建议共同制定一份管理计划，以详细说明与机构拨款和资金优先顺序一致的战略规划实施活动。

减轻地震灾害和震后恢复重建工作的代价由公共和私人部门共同承担，国家地震减灾计划的作用是向公共和私人部门提供必要的科学方法、理论知识和技术手段，从而减轻地震损失，并且削减震后恢复重建的费用。国家地震减灾计划机构将会一如既往地加强学术界和商业界地震专业人员、政府机构、技术人员、研究学者和政策法规制定组织之间的联系，从而完成应尽的职责。

国家地震减灾计划要随着科学和技术的进步与时俱进，并且适当地调整短期和长期的发展战略，尽管其将会继续专注于战略政策的制定，但也要能够适应于可能出现的意外和突发事件。如果在规划实施期间美国突然发生了一次大地震，国家地震减灾计划要努力学习该地震事件的影响，包括在缓解、救援和恢复重建的过程中出现的成功的、失败的以及不可预知的问题，以便根据需要及时对规划做出调整。

# 附录B 《2003 EERI报告》概要

2003 年美国地震工程研究所发布了名为“保护社会免受地震损失—地震工程研究与推广计划”的报告，这份报告是由来自美国各个领域专业团体的地球科学家、地震工程学家以及和地震相关的社会学家共同完成的，它的目标是为未来地震工程研究提供一个美好的愿景，并致力于保护国家免受灾难性地震的影响。

该计划包括以下研究和推广：

理解地震危险性：基于基础物理学来发展地震学和地震灾害的新模式；

评估地震影响：通过模拟建筑结构和整个城市的系统性能来评估地震灾害对建筑环境的影响；

减轻地震灾害影响：开发新材料，结构和非结构系统、生命线系统、基础建设系统、海啸和火灾防护系统，以及土地使用措施；

加强社区恢复能力：探索减少风险的新途径，提高决策者的决策能力；

扩展教育和公众推广：改善从小学到研究生阶段的工程和科学教育，并为公众学习如何减轻地震风险提供机会。

每个项目的研究任务旨在开发新的科学、工程和社会方法，以便更好地进行风险管理来防止灾难性损失的产生，另一方面，推广工作的目的是促进将研究成果转化为具体实践。该报告提出，实现预防灾难性损失的目标不仅需要技术上的突破，还需要研究成果向专业实践的转化以及决策的制定。例如，报告对地震工程研究指明了一个方向，为了减轻地震对建筑环境风险、性能、损失、预测的不确定性，将当前和未来的先进的信息技术手段融入到地震工程的实践中是非常有必要的。虽然减轻具体结构和系统的损失很重要，但是减轻社区地震灾害损失也是很必要的，而且这需要更加全面的方法来达到这一目的。

这个为期20年的计划，在开始5年的成本估计为每年3亿5800万美元，包括资本投资在内的该20年计划总投资约为65亿4000万美元，在计划的头5年预期会以每年15%的速度增长。20年内的预算详情见表B.1和B.2。

报告显示，这项计划的实施需要国家地震减灾计划机构和其他联邦机构、州政府和地方组织、地震工程研究团体、建筑规范制定组织、工程专业人员以及政府官员的高度协调合作才能完成，更重要的是，该项计划不仅限于防止灾难性地震的损失，而且还为国土安全提供保障，增强社区抵御极端事件的能力。通过完善对建筑设计的研究，对人口增长和土地利用规划的有效措施和解决紧急事件的技术手段，报告也会对减少恐怖袭击、炸弹袭击、飓风、洪水和火灾等突发事件起到行之有效的指导作用。

表B.1 计划费用估计（百万美元），包括研究和计划推广等相关活动

| | 平均年花费 | | | | |
|---|---|---|---|---|---|
| 活动 | 2004—2008 | 2009—2013 | 2014—2018 | 2019—2023 | 20年总费用 |
| 风险知识 | 86 | 86 | 70 | 55 | 1485 |
| 影响评估 | 64 | 67 | 36 | 21 | 940 |
| 影响减轻 | 82 | 92 | 60 | 41 | 1375 |
| 提高社区灾害韧弹性 | 22 | 33 | 44 | 44 | 715 |
| 教育和公众普及 | 20 | 20 | 20 | 20 | 400 |
| 资本投资 | 55 | 77 | 80 | 70 | 1410 |
| 信息技术 | 28 | 5 | 5 | 5 | 215 |
| 管理发展 | 1 | 0 | 0 | 0 | 5 |
| 总计 | 358 | 380 | 315 | 256 | 6545 |

注：资本投资包括ANSS、NEES。

表 B.2 研究、教育、推广、资本投资、信息技术和项目管理的费用分配（百万美元）

| 项目描述 | | 平均年花费 | | | | 20年总费用 |
|---|---|---|---|---|---|---|
| | | 2004—2008 | 2009—2013 | 2004—2008 | 2009—2013 | |
| 风险知识 | 研究 | 36 | 36 | 30 | 25 | 635 |
| | 推广 | 50 | 50 | 40 | 30 | 850 |
| 影响评估 | 研究 | 61 | 61 | 30 | 15 | 835 |
| | 推广 | 3 | 6 | 6 | 6 | 105 |
| 影响减轻 | 研究 | 64 | 65 | 38 | 24 | 955 |
| | 推广 | 18 | 27 | 22 | 17 | 420 |
| 社区灾害韧弹性 | 研究 | 10 | 15 | 20 | 20 | 325 |
| | 推广 | 12 | 18 | 24 | 24 | 390 |
| 教育推广 | | 20 | 20 | 20 | 20 | 400 |
| 资本投资 | | 55 | 77 | 80 | 70 | 1410 |
| 信息技术 | | 28 | 5 | 5 | 5 | 215 |
| 管理发展 | | 1 | 0 | 0 | 0 | 5 |
| 总计 | | 358 | 380 | 315 | 256 | 6545 |

# 附录C 委员会和工作人员简历

Robert M. Hamilton 是一位对减轻自然灾害非常有兴趣的地震学家。2004年从美国国家研究委员会地球与生命研究部门的执行副主任职位上退休。此前曾担任美国国家研究委员会地球科学、环境和资源科学部门的执行董事，在接下来的 30 年里担任美国地质调查局地球物理学家。担任过国际科学理事会减灾委员会主席，并担任 20 世纪 90 年代“联合国减灾十年计划”（IDNDR）科学和技术委员会主席。曾在日内瓦的减灾十年秘书处工作了两年，其中包括担任主任一年。是“联合国减灾十年”后续方案“国际减灾战略”的机构间工作组成员。还担任国家科学和技术委员会减灾分委员会主席。他担任美国地震学会会长，美国地球物理联合会地震学科主席兼秘书长，是美国地质学会和美国科学促进协会的会员。他拥有科罗拉多矿业大学的地球物理工程学位，以及加州大学伯克利分校的地球物理学硕士和博士学位。

Richard A. Andrews 在应急管理、反恐政策和地震安全方面有着 30 多年的工作经验。他是美国国土安全顾问委员会的成员，该委员会向国土安全部和美国联邦紧急事务管理署国家咨询委员会提供决策服务。他担任委员会紧急服务、执法、公共卫生和医院高级咨询委员会主席。2004—2005 年间，曾担任加利福尼亚国土安全办公室和阿诺施瓦辛格州长安全顾问，1991—1998 年间，Andrews 教授担任加利福尼亚紧急事务办公室主任，在那里他先后管理了 19 个国家级和 24 个州级灾难的应急响应与恢复工作。他是世界银行灾害管理行动小组的成员，先后参与过土耳其、阿尔及利亚、罗马尼亚和印度的紧急事务管理项目。Andrews 教授曾担任全国紧急管理协会主席，也是加利福尼亚地震安全委员会前执行主任。他是 NEMA 私营部门委员会的前主席，该委员会是一个公共—私人专责小组旨在探讨在重大紧急情况下有效利用私营部门资源的紧急管理援助契约（一种国会批准提供州际互助的形式和结构的组织）。Andrews 教授在迪堡大学取得学士学位，并在美国西北大学取得硕士和博士学位。

Robert A. Bauer 是工程地质学家，也是美国伊利诺斯州地质调查局工程与海岸地质部门负责人。1990 年以来，他一直和伊利诺斯州应急管理人员一起参加演习和研讨会，并且是伊利诺斯州地质调查局自然资源可持续研究所（ISGS/INRS）驻该州应急行动中心的代表。他参与了伊利诺斯州的地震情景委员会和地震危险区划图绘制。他是 ISGS / INRS 的代表和州地质技术总监，项目协调员，以及中美洲地震联盟州地质学家协会的前任主席。他曾在伊利诺斯地震安全工作组和美国地震工程研究所（EERI）新马德里情景执行委员会工作，并为 FEMA 新马德里灾难规划情景子委员会提供重要意见。Bauer 教授出版了 90 多本著作，是美国土木工程师协会地质研究所、工程地质学家协会、美国采矿工程师学会和美国地震工程研究所的成员。Bauer 教授在伊利诺伊大学芝加哥分校获得地质科学学士学位，在伊利诺斯大学巴纳—香槟分校获得地质工程学硕士学位。

Jane A. Bullock 是 Bullock and Haddow 减灾咨询公司的负责人，也是华盛顿大学危机灾害风险管理研究所的客座教授。Bullock 教授拥有在私人和公共安全部门超过 25 年的工作经验，作为参谋长负责美国联邦紧急事务管理署的日常管理和运营，负责灾害减轻、响应以及恢复。在她的职业生涯中，她指导了该机构的重组和精简工作，为国家应急管理系统制定了政策和方向，担任该机构的发言人，并与国会和国家管理者们一起加强了整个美国的灾害管理工作。她也是“项目影响：建设灾害韧弹性社区”的总设计师，这是一个社区和企业共同实施的全国范围的民间减灾和风险减轻项目。2000 年，她获得了总统等级奖，这是总统颁发给职业公务员的最高奖。离开美国联邦紧急事务管理署以来，Bullock 教授一直与各种组织合作来实施灾害管理与国土安全。在卡特里娜飓风发生后环境中，她曾与 Save the Children 一起设计和实施其家庭灾难响应和恢复计划。她在参议院和众议院论证了卡特里娜飓风后应急管理的发展。在国际上，她曾与美国中南部、东欧和新西兰等国家和地区合作实施灾害管理计划；她同别人合著了应急管理、国土安全、气候变化及减灾等方面的著作，代表作为《Living with the Shore》。

Stephanie E. Chang 是不列颠哥伦比亚大学（UBC）的教授，在社区和地区规划学院以及资源，环境和可持续性研究所共同任教。她在灾害管理和城市可持续发展方面担任加拿大研究主席职位（二级）。她的大部分工作旨在弥合工程学、自然科学和社会科学之间的差距，以解决自然灾害的复杂问题。她还关注建立未来地震灾害损失评估的区域综合模型。此外，她还制定了评估减灾战略的方法，并研究地震灾害如何影响地区经济；制定了评估地震灾害的方法，并研究地震灾害如何影响地区经济。她当前的研究涉及到社区灾害韧弹性和可持续发展、减轻基础设施系统风险（特别是电力、水利、交通）以及城市灾害恢复等方面。她对环太平洋城市的应用特别感兴趣。去英属哥伦比亚大学之前，她是一名华盛顿大学地理系研究助理教授，她还曾在洛杉矶和西雅图担任 EQE 国际（后来的 ABS 咨询）的研究员和顾问。她被 EERI 授予 2001 年 Shah 家族创新奖，并担任《Earthquake Spectra》编辑委员会成员。她现在任职于国家研究委员会社会科学灾害研究委员会，Chang 教授在普林斯顿大学获得土木工程学和运筹学学士学位，并在康奈尔大学获得区域科学硕士和博士学位。

William T. Holmes 多学科工程咨询公司 Rutherford&Chekene 的副总裁兼结构工程师。他在设计结构的各个方面具有 40 多年的实践经验，特别是在防震设计方面。除了传统建筑结构工程设计之外，Holmes 的广泛兴趣与经验包括震后勘察分析、医院震后响应、非结构体系抗震设防、未加固砌体房屋的易损性研究和改造规范、区域损失评估、制定新建建筑物和现存建筑物的抗震标准、研发地震技术、隔震技术、公共政策和基于性能的地震工程。Holmes 去过亚美尼亚、阿塞拜疆、加拿大、中国、厄瓜多尔、希腊、印度、意大利、日本、墨西哥、新西兰、巴基斯坦、泰国和土耳其等国家召开会议和研讨会，或与地方官员就抗震设计进行磋商。在他漫长的职业生涯中，曾获 Alfred E. Alquist 奖章，在结构工程领域获得由北加利福尼亚结构工程师协会（SEAONC）颁发的终身成就奖（HJ Brunnier 奖），获得由建筑地震安全委员会特殊贡献奖以及加利福尼亚结构工程师协会和地震工程研究所（EERI）的荣誉会员。他是地震工程研究大学联合会（CUREE）的董事会成员，并担任加利福尼亚北部结构工程师协会和美国应用技术委员会主席。Holmes 教授在斯坦福大学获得土木工程学学士和结构工程学硕士学位。

Laurie A. Johnson 是 Laurie Johnson 咨询研究机构的顾问，在城市规划、风险管理和灾后恢复研究和咨询等方面有着超过 20 年的工作经验。她撰写了大量灾害经济、土地利用和风险、城市灾害恢复和重建等方面的文章，并研究了过去 20 年的大多数大规模城市灾害，包括 2008 年中国四川地震，美国卡特里娜飓风、2001 年世贸中心倒塌、1994 年加利福尼亚北岭地震和 1995 年日本神户地震。2006 年 3 月，她成立了咨询公司，致力于利用风险管理的理论和技术解决复杂的城市风险问题。她接待的对象包括加利福尼亚紧急事务办公室、弗里茨协会、新奥尔良社区支持基金委员会和美国地质调查局。2006 和 2007 年，在卡特里娜飓风破坏之后，她作为主要作者和灾害恢复专家，为新奥尔良制定了统一的恢复和重建计划，她还是防灾研究所减灾系统研究中心的国际合作专家，也是公共实体风险研究所的董事成员，是美国地震工程研究所、美国注册规划师协会和美国规划协会的成员。她在德州农工大学获得城市规划学学士学位和硕士学位，并在日本京都大学获得信息学博士学位。

Thomas H. Jordan（NAS）是美国南加利福尼亚地震中心（SCEC）主任，也是南加州大学地球科学 W. M. Keck 教授，他全面负责南加利福尼亚地震中心项目，目前涉及 60 多所大学和科研机构的超过 600 名科学家。南加利福尼亚地震中心致力于对地震的全面了解并传播知识以减少地震风险。Jordan 教授是加利福尼亚地震预测评估委员会、美国国家科学院、美国国家研究委员会理事会成员。他的研究领域涉及地震孕育过程、地球地震学、板块运动和板间形变的大地测量。他感兴趣的其他领域包括大陆形成和构造演化、地幔动力学和海底形态统计描述。Jordan 教授还是约 180 本科学出版物的作者或合著者，包括美国国家研究委员会十年统计报告《生活在活跃的地球上：以地震科学视角》和其他两本流行刊物。在进入麻省理工学院之前，他于 1984 年作为 Robert R. Shrock 教授任教于普林斯顿大学和斯克里普斯海洋研究所。在 1988—1998 的十年间，任麻省理工学院地球、大气和行星科学系主任。2000 年，他离开麻省理工学院前往南加州大学。曾获得美国地球物理联合会 Macelwane and Lehmann Medals 奖章和美国地质协会年会 Woollard 奖。他入选美国国家科学院、美国艺术与科学学院和美国哲学学院。Jordan 教授在加州理工学院获得学士、硕士和博士学位。

Gary A. Kreps 是威廉玛丽学院的名誉教授、前副教务处长。他以威廉玛丽学院的教职员和管理者的身份开始了自己的工作生涯，并一直坚持到 2005 年 7 月退休。Kreps 博士在组织和角色理论方面拥有长期的研究兴趣，因为它们都与社区、区域、社会对自然、技术和恣意灾害的响应的结构分析有关。他曾在五个国家级别的研究理事会机构担任顾问，分别为地震预测社会经济影响委员会、美国急救准备委员会、国际灾害救援委员会、媒体报道灾害委员会和社会科学灾害研究委员会。在过去的 20 年里，Kreps 教授与合作者已经制定了在紧急灾害发生时期的组织和角色扮演的分类和理论。他的调查研究结果曾发表于 *Sociological Theory*、*Annual Review of Sociology American Sociological Review*`*American Journal of Sociology*、*Journal of Applied Behavioral Science*、*International Journal of Mass Emergencies and Disasters* 等刊物，也在很多其他应用刊物上发表过。Kreps 博士的 2001 年"社会和行为科学国际百科全书"("灾害，社会学")条目强调需要将灾害的机能主义和构建主义理念协调起来作为一个有机整体。为了表彰他在灾害风险社会科学方面做出的贡献，2008 年他获得 E.L. Quarantelli 奖章。Kreps 教授在阿克伦大学获得社会学学士学位，在俄亥俄州立大学获得硕士和博士学位。

Stuart Nishenko 是加利福尼亚旧金山太平洋天然气和电力公司地球科学部门的高级地震学家。他的研究重点在于地震灾害评估和风险管理，并单独撰写或合著出版了超过 100 本的刊物，包括 2001 年 FEMA—366 "基于 HAZUS 99 的美国年度地震损失估算"，1988 和 1990 年的加州地震概率工作组报告，还有 2006 年的“加强地震监测的经济利益”。他是美国地质调查局地震研究咨询委员会的成员，并担任加利福尼亚综合地震台网委员会和美国地震学会政府关系委员会主席。1983 年，他在哥伦比亚大学 Lamont-Doherty 地球天文台获得地球物理博士学位，并担任美国国家研究委员会博士后研究员。他还是该机构与地震学和地球动力学委员会的联络员。

Adam Z. Rose 是南加利福尼亚大学政策、规划、发展学院的研究教授，也是美国南加州大学恐怖主义事件风险和经济分析中心的经济协调员。Rose 教授研究的内容大部分是关于自然和人为因素造成的经济损失。最近他在美国国家研究委员会上讨论了地震监测的经济效益。作为首席研究员向国会报告了美国联邦紧急事务管理署灾害缓解资金的净收益情况，Rose 教授是南加州落砂项目的首席经济学家。作为联合首席研究员，为洛杉矶水电部研制决策支持系统，并担任国土安全部经济和社区韧弹性研究中心的网络协调员。目前作为美国国家科学基金会的一员，对恐怖主义袭击后做出经济影响的评估。他研究的一个主要焦点是如何在个人商业、市场和区域经济层面应对自然灾害和恐怖主义。Rose 教授还在能源经济和气候变化政策领域有所研究，并担任 *Journal of Regional Science*、*Resource and Energy Economics*、*Energy Policy*、*Resource Policy* 的编委。他曾是美国科学促进会的美国经济学会代表，并担任美国地理学家能源与环境专业协会董事。他是 Woodrow Wilson 奖学金和 East—West Center 奖学金的获得者，并获得美国规划协会杰出规划荣誉奖、美国地震工程研究所特别贡献奖以及美国应用技术委员会杰出成果奖。Rose 教授在犹他大学获得经济学学士学位，在康奈尔大学获得经济学硕士和博士学位。

L. Thomas Tobin 是 Tobin & Associates 的顾问，在自然灾害、风险管理

和公共政策研究方面有着超过40多年的工作经验。Tobin在加利福尼亚地震安全委员会担任了10年的执行主任，他曾经游说立法，6次向国会委员会论证，100多次向州立法委员会论证。他1991—1993年曾在国家地震减灾计划咨询委员会任职，1991—1995年在加利福尼亚历史建筑安全委员会任职。1996年，他担任美国地震工程研究所的董事和副主席，并且是杰出讲师，同年获得圣何塞州立大学工程学院颁发的杰出荣誉奖。2004年获得地震安全领域的Alfred E. Alquist奖章，2001—2003年担任美国地震工程研究所北加利福尼亚分会财政部长，现在担任主席。作为顾问，他帮助美国联邦紧急事务管理署创立了"项目影响"和"灾害韧弹性大学"的举措。目前，通过土地利用规则和规划，并将地震安全原则与其客户持续活动相结合，他参与到了倡导抗震和减灾的项目。他担任地质灾害国际高级顾问，把资源和技术带到发展中国家，帮助他们减轻地震灾害，他还是多灾害减灾委员会的副主席，也是一名注册工程师，在加州大学伯克利分校获得工程学学士，在圣何塞州立大学获得岩土工程硕士学位。

Andrew S. Whittaker是纽约州立大学布法罗分校土木、结构与环境工程系的教授和系主任，也是加利福尼亚注册结构工程师。在20世纪70年代末和80年代初在澳大利亚和亚洲担任结构工程师，80年代后期到美国工作，他于20世纪90年代担任地震工程研究中心副主任和太平洋地震工程研究中心副主任，并于2000加入布法罗分校。2001年他加入地震工程研究大学联合会董事会，并在2003—2004年担任副主席，2005年正式成为主席。Whittaker教授的研究和专业兴趣包括地震和爆破工程、基于性能设计、抗震保护系统、超高建筑、海洋平台和与电力相关的基础设施。他担任200多种刊物的作者，包括参考文献、书籍章节、期刊论文、会议文章和技术报告等，Whittaker教授在1995年带领由美国国家科学基金会资助的地震勘探队前往日本神户，同样在 1999 年前往土耳其伊兹米特，他也是由美国国家科学基金会资助的结构工程勘探队三成员之一，在 2001 年 9 月前往原世贸中心。目前他担任美国混凝土协会、美国土木工程师学会、美国钢结构协会、建筑地震安全委员会、美国联邦紧急事务管理署、美国地震工程研究所和美国地质调查局技术委员会成员。Whittaker 教授向美国、亚洲、澳大利亚、欧洲、远东、中东、南美洲和英国的私人公司、地方、州和联邦政府机构提供咨询和评审服务。他工作的重点是将新技术和基于性能的设计应用于超高建筑、桥梁、常规的以及与核相关的基础设施。作为 DHS / FEMA 资助的 ATC—58（应用技术委员会 58）项目的一部分，他是结构性能产品团队的领导者，该团队正在开发第二代基于性能的地震工程工具。Whittaker 教授在澳大利亚墨尔本大学获得土木工程学学士学位，并在加州大学伯克利分校获得土木工程学硕士学位和结构工程学博士学位。

## 国家研究委员会工作人员

David A. Feary 是美国国家研究委员会地球科学与资源委员会的高级项目官员，也是地震和地球动力学 BESR 委员会主任，他还是亚利桑那州立大学地球与太空探索学院和可持续发展学院的研究教授。在进入美国国家研究委员会之前，作为研究科学家在澳大利亚地球地球科学中心海洋项目花费了 15 年的时间，在此期间，他参加了众多国内和国际研究项目，更好地理解了气候对碳酸盐礁形成的主要控制作用，并进一步了解了冷水对碳酸盐沉积过程和控制作用，他还是综合海洋钻探计划科学规划委员会的成员，Feary 教授在奥克兰大学获得理学学士学位和荣誉科学硕士学位，并在澳大利亚国立大学获得博士学位。

# 附录D 社区研讨会参会人员与报告

## 参会人员

Walter Arabasz

美国犹他大学

Ralph Archuleta

美国加州大学圣巴巴拉分校

Mark Benthien

美国南加州大学

Jonathan Bray

美国加州大学伯克利分校

Arrietta Chakos

哈弗肯尼迪学院，国家与地方政府研究中心

Mary Comerio

美国加州大学伯克利分校

Reginald DesRoches

美国佐治亚理工学院土木工程系

Andrea Donnellan

美国国家航空航天局

Leonardo Duenas-Osorio

美国莱斯大学

Paul Earle

美国地质调查局

Richard Eisner

美国弗里茨协会

Ronald Eguchi

Imagecat 公司

Art Frankel

美国地质调查局

James Goltz

加利福尼亚州州长紧急事务办公室

Ronald Hamburger

Simpson Gumpertz & Heger 公司

Jim Harris

美国哈里斯公司

Jack Hayes

国家地震减灾计划，美国国家标准与技术研究院

Jon Heintz

应用技术委员会

Eric Holdeman

Eric Holdeman & Associates 公司

Doug Honegger

D.G. Honegger 咨询

Richard Howe

R. W. Howe & Associates 公司

Theresa Jefferson

美国弗吉尼亚理工学院技术、安全与政策研究中心

Lucy Jones

美国地质调查局

Michael Lindell

美国德克萨斯 A&M 大学（TAMU）

Nicolas Luco

美国地质调查局（USGS）

Steven Mahin

美国加州大学伯克利分校太平洋地震工程研究中心

Peter May

美国华盛顿大学政治学系美国政治与公共政策研究中心

Dick McCarthy

美国加利福尼亚地震安全委员会

David Mendonça

美国新泽西科技大学

Dennis Mileti

自然灾害中心

Robert Olson

Robert Olson 联合公司

Woody Savage

美国地质调查局（USGS）

Hope Seligson

MMI 工程公司

Kimberley Shoaf

美国加州大学洛杉矶分校（UCLA）

Paul Somerville

优斯公司

Kathleen Tierney

美国科罗拉多大学自然灾害中心

Susan Tubbesing

美国地震工程研究所

John Vidale

美国西北太平洋地震台网

Yumei Wang

俄勒冈地质矿产局

Gary Webb

美国俄克拉荷马州立大学

Sharon Wood

美国德克萨斯大学奥斯汀分校土木、建筑与环境工程系

Brent Woodworth

洛杉矶应急准备基金会

Mary Lou Zoback

风险管理解决方案公司

## 研讨会分组问题

### 跨学科组——地震韧弹性国家的组成要素

1. 地震韧弹性国家是什么样子?

2. 如何衡量国家韧弹性？怎么知道更具有地震韧弹性?

### 专业组——基本科学的需求和支撑技术

3. 地震韧弹性国家在各专业领域的基本科学需求是什么?

4. 地震韧弹性国家在各专业领域的的应用技术需求是什么?

### 专业组——实施和政策

5. 地震韧弹性国家面临的是什么实施挑战和机遇?

6. 地震韧弹性国家需要什么行为改变?

### 跨学科组——基本学科要求

7. 问题 3 的回答中是否有遗漏?

8. 哪些行动对提高韧弹性至关重要?

9. 行动的顺序是什么?

### 跨学科组——支撑技术

10. 问题 4 的回答中是否有遗漏?

11. 哪些行动对提高韧弹性至关重要?

12. 行动的顺序是什么?

### 跨学科组——实施和政策

13. 问题 5 和 6 回答中是否有遗漏?

14. 哪些行动对提高韧弹性至关重要？

15. 行动的顺序是什么？

## 会议报告

会议 1:

项目内容，Shyam Sunder，美国国家标准与技术研究院

赞助商期望，Jack Hayes，国家防震减灾计划 / 美国国家标准与技术研究院

NEHRP 战略规划，Jack Hayes，国家防震减灾计划 / 美国国家标准与技术研究院

美国联邦紧急事务管理署——地震韧弹性活动，Ed Laatsch Mike Mahoney，美国联邦紧急事务管理署

美国地质调查局在国家地震减灾计划中的作用，David Applegate，美国地质调查局

国家科学基金会在国家防震减灾计划中的作用，Joy Pauschke，Eva Zanzerkia，Richard Fragaszy 和 Dennis Wenger，美国国家科学基金会

会议 2:

美国地震工程研究所安全社会报告成本评估，Paul Somerville，优斯公司

会议 3:

闭幕式

会议 4:

美国国家科学基金会的结尾辞，Joy Pauschk，NSF-ENG

美国国家标准与技术研究院/国家防震减灾计划的结尾辞，Jack Hayes 国家防震减灾计划/美国国家标准与技术研究院

美国地质调查局的结尾辞，David Applegate，美国地质调查局

美国联邦紧急事务管理署的结尾辞，Mike Mahoney，美国联邦紧急事务管理署

国家防震减灾计划进展，Jack Hayes，国家防震减灾计划/美国国家标准与技术研究院

关于国家防震减灾计划的个人观点，John Filson，美国地质调查局退休人员

# 附录E 其他成本信息

表 E.1 任务 4 国家地震灾害模型详细分解（单位：千美元）和进度安排

| 任务组成 | 时间 | 任务分解 | 第1～5年（年平均） | 第6～10年（年平均） | 第11～20年（年平均） |
|---|---|---|---|---|---|
| 为绘制断层提供地质信息，为预测模型提供资料 | 1～20 | 560000 | 28000 | 28000 | 28000 |
| 美国地质调查局（USGS）程序设计和网站更新 | 1～20 | 10000 | 500 | 500 | 500 |
| 更新地震动预测关系，包括地震物理模拟 | 1～20 | 153000 | 10200 | 6400 | 7000 |
| 更新地震危险区划图 | 1～20 | 19200 | 9600 | 9600 | 9600 |
| 建立地表变形预测模型 | 1～3 | 1500 | 300 | 0 | 0 |
| 编制液化地震危险性区划图 | 1～20 | 16000 | 800 | 800 | 800 |
| 绘制地面断层破裂危险区划图 | 1～20 | 4000 | 200 | 200 | 200 |
| 制作潜在滑坡地震危险性区划图 | 1～20 | 10000 | 500 | 500 | 500 |
| **总计** | | **946000** | **42340** | **43230** | **37442** |

表 E.2 任务 9 震后信息管理成本明细（单位：百万美元）和进度安排

| 任务分解 | 总计 | 第1～2年（年平均） | 第3～4年（年平均） | 第5～6年（年平均） | 第7～10年（年平均） | 第11～20年（年平均） |
|---|---|---|---|---|---|---|
| 第一阶段 | | | | | | |
| 项目管理、差旅、保障 | 1.27 | 0.635 | — | — | — | — |
| 设备和商业软件许可 | 0.26 | 0.13 | — | — | — | — |
| 第二阶段 | | | | | | |
| 试点项目 | 3.7 | 0 | 0.37 | 0.74 | 0.37 | — |
| 运行成本 | 9.4 | 0 | 0.6 | 0.6 | 0.6 | 0.46 |
| **总计** | **14.63** | | | | | |

表 E.3　任务 11 社区抗震性和易损性观测网络工作分解和进度安排

| 年 | 年平均成本 | 单位成本 | 成本解释 |
|---|---|---|---|
| 第1年 | 180万美元 | a：选取新位置：40万美元每年<br>b：现有的点：20万美元每年 | 在第一阶段假设6个点（3个新的，3个现有的）。新点：建立新点的人员和设施成本；现有点：建立在现有的人员和设施上，花费较少 |
| 第2年 | 220万美元 | a和b：同第一年<br>c：网络协调资金40万美元每年 | 仍是6个点，促进网络协调功能规范化的资金，包括测量协议、数据归档、研讨会等 |
| 第3年 | 380万美元 | a、b、c：同上 | 在原6个点和网络协调资金的基础上增加4个点，包括实验节点 |
| 第4年 | 380万美元 | a、b、c：同上 | 10个点和网络协调资金 |
| 第5年 | 285万美元 | a：每年30万美元<br>b：每年15万美元<br>c：每年30万美元 | 仍然是10个点和网络协调资金，减少基础建设成本，并且加快网络任务的完成，包括统一测量协议、资料归档等 |
| 5年总计 | 1445万美元 | | 1～5年总计 |
| 第6～20年 | 285万美元每年 | | 保持前5年的成本水平，并且替换掉一些旧节点 |

表 E.4　任务 13 现存建筑物评估与加固技术成本明细汇总（单位：千美元）

| 研发任务 | 总计（美元） | 第1～5年（年平均） | 第6～10年（年平均） | 第11～20年（年平均） |
|---|---|---|---|---|
| 项目协调与管理 | 90595 | 4530 | 4530 | 4530 |
| 制定现有建筑物的协调研究计划 | 1200 | 60 | 60 | 60 |
| 建立老旧构件的脆性与结果函数 | 5875 | 858 | 218 | 50 |
| 开发可靠的倒塌计算工具 | 37250 | 1050 | 4075 | 1163 |
| 对现存建筑系统进行大规模试验测试，包括改进的构件模型 | 42300 | 2115 | 2115 | 2115 |
| 现存建筑和构件的现场测试 | 109000 | 50 | 9750 | 6000 |
| 研究土地与结构相互作用 | 21500 | 325 | 1045 | 1465 |
| 开发和部署有效的改造方法/技术 | 15750 | 825 | 775 | 775 |

续表

| 研发任务 | 总计（美元） | 第1～5年（年平均） | 第6～10年（年平均） | 第11～20年（年平均） |
| --- | --- | --- | --- | --- |
| 开发和部署现存建筑和构件的无损检测技术（NDE） | 9750 | 525 | 475 | 475 |
| 开发和部署建筑物评级系统 | 4000 | 700 | 0 | 50 |
| 评估现存建筑的可靠性和更新ASCE-41的PBD流程 | 18650 | 2065 | 1665 | 0 |
| 全国建筑物数据库数据的收集、管理和存储 | 135650 | 6880 | 6750 | 6750 |
| 基于性能的非结构构件和系统的改进 | 875 | 175 | 0 | 0 |
| 改造建筑结构的碳足迹技术 | 775 | 155 | 0 | 0 |
| 实施：更新标准和指南，减轻风险方案 | 50400 | 2580 | 2500 | 2500 |
| 总计 | 543570 | 22892 | 33957 | 25932 |

表 E.5　任务 13 现存建筑物评估与加固技术详细分解（单位：千美元）和进度安排

| 研发任务 | 年份 | 总计（美元） | 第1～5年（年平均） | 第6～10年（年平均） | 第11～20年（年平均） |
| --- | --- | --- | --- | --- | --- |
| 项目协调与管理 | 第1-20年 | 90595 | 4530 | 4530 | 4530 |
| **建立现存建筑物的协调研究计划** | | 1200 | 60 | 60 | 60 |
| 1.确定研究范围和召开研讨会 | 1、6、11、15 | 800 | 40 | 40 | 40 |
| 2.制定/更新工作计划 | 1、6、11、15 | 400 | 20 | 20 | 20 |
| **建立老旧构件的脆性与结果函数** | | 5875 | 858 | 218 | 50 |
| 1.确定研究范围和召开研讨会 | 1 | 100 | 20 | 0 | 0 |
| 2.制定工作计划（别处不涉及，挖掘现有数据） | 1 | 100 | 20 | 0 | 0 |

续表

| 研发任务 | 年份 | 总计（美元） | 第1～5年（年平均） | 第6～10年（年平均） | 第11～20年（年平均） |
|---|---|---|---|---|---|
| 3.利用NEES设施进行实验（利用别处产生的实验数据） | 2～4 | 3000 | 600 | 0 | 0 |
| 4.利用别处开发的改进滞后模型进行数值研究 | 4～6 | 1800 | 180 | 180 | 0 |
| 5. 开发、记录脆性和结果函数 | 2～8 | 125 | 13 | 13 | 0 |
| 6. 更新第11-20年的函数 | 1～5 | 250 | 0 | 0 | 25 |
| 7.汇总结果和准备技术报告 | 5 | 500 | 25 | 25 | 25 |
| **开发可靠的倒塌计算工具** | | 37250 | 1050 | 4075 | 1163 |
| 1.确定研究范围和召开研讨会 | 3 | 150 | 30 | 0 | 0 |
| 2.制定工作计划 | 3 | 100 | 20 | 0 | 0 |
| 3.使用NEES和E-Defense设施进行多框架系统倒塌试验 | 6～10 | 12000 | 0 | 2400 | 0 |
| 4.使用NEES设施对框架系统的关键构件进行实验 | 4～7 | 7500 | 750 | 750 | 0 |
| 5.通过试错开发改进的结构构件滞后模型 | 4～20 | 4500 | 225 | 225 | 225 |
| 6.研究框架系统倒塌的触发因素 | 6～10 | 2250 | 0 | 450 | 0 |
| 7.改进系统级倒塌计算和有限元程序 | 6～15 | 2250 | 0 | 225 | 113 |

续表

| 研发任务 | 年份 | 总计（美元） | 第1～5年（年平均） | 第6～10年（年平均） | 第11～20年（年平均） |
|---|---|---|---|---|---|
| 8.使用NEES和E-Defense设施验证和改进计算程序 | 11～20 | 8000 | 0 | 0 | 800 |
| 9.汇总结果和准备技术报告 | 5 | 500 | 25 | 25 | 25 |
| **对现存建筑物进行大型试验测试，包括改进构件模型** | | 42300 | 2115 | 2115 | 2115 |
| 1.确定研究范围和召开研讨会 | 1、6、11、15 | 600 | 30 | 30 | 30 |
| 2.制定工作计划 | 1、6、11、15 | 600 | 30 | 30 | 30 |
| 3.构件测试程序（NEES设施）：老旧的与改造的 | 1～20 | 15000 | 750 | 750 | 750 |
| 4.系统测试程序（NEES/E-Defense设施）：老旧的与改造的 | 1～20 | 8000 | 400 | 400 | 400 |
| 5.建立非线性滞后模型 | 1～20 | 9000 | 450 | 450 | 450 |
| 6.验证非线性滞后模型 | 1～20 | 8000 | 400 | 400 | 400 |
| 7.制定有限元分析的指南和工具 | 5 | 600 | 30 | 30 | 30 |
| 8. 汇总结果和准备技术报告 | 5 | 500 | 25 | 25 | 25 |
| **现存建筑和构件的现场测试** | | 10900 | 50 | 9750 | 6000 |
| 1. 确定研究范围和召开研讨会 | 3 | 150 | 30 | 0 | 0 |
| 2. 制定工作计划 | 3 | 100 | 20 | 0 | 0 |

续表

| 研发任务 | 年份 | 总计（美元） | 第1～5年（年平均） | 第6～10年（年平均） | 第11～20年（年平均） |
|---|---|---|---|---|---|
| 3.利用NEES设施进行系统级别动态方式：老旧的与改造的 | 6～15 | 15000 | 0 | 1500 | 750 |
| 4.利用系统动态实验数据进行系统级别数值研究 | 6～18 | 9000 | 0 | 600 | 600 |
| 5.系统级别测试倒塌：老旧的与改造的 | 6～15 | 2000 | 0 | 2000 | 1000 |
| 6.利用倒塌实验数据进行数值研究（补充以上） | 6～18 | 6000 | 0 | 400 | 400 |
| 7.构件级别试错实验：老旧的与改造的 | 6～15 | 40000 | 0 | 4000 | 2000 |
| 8.利用构件实验数据进行数值研究 | 6-18 | 18000 | 0 | 1200 | 1200 |
| 9.建立并验证非线性滞后模型（包括别处） | | 0 | 0 | 0 | 0 |
| 10.汇总结果和准备技术报告 | 10、15、20 | 750 | 0 | 50 | 50 |
| **研究土地与结构相互作用** | | 21500 | 325 | 1045 | 1465 |
| 1.确定研究范围和召开研讨会 | 5 | 200 | 40 | 0 | 0 |
| 2.制定工作计划 | 5 | 100 | 20 | 0 | 0 |
| 3.离心机测试程序（土壤间隔、分层、地下水表） | 6-10 | 3750 | 0 | 750 | 0 |
| 4.为独立结构制定简化的指南和工具 | 11-15 | 1350 | 0 | 0 | 135 |
| 5.为结构群制定简化的指南和工具 | 11-15 | 1350 | 0 | 0 | 135 |

续表

| 研发任务 | 年份 | 总计（美元） | 第1～5年（年平均） | 第6～10年（年平均） | 第11～20年（年平均） |
|---|---|---|---|---|---|
| 6.开发时间域有限元分析程序 | 6～10,15～20 | 2700 | 0 | 270 | 135 |
| 7.制定概率SSI分析程序 | 1～5 | 1200 | 240 | 0 | 0 |
| 8.利用有限元程序实现时域和频域算法 | 11～15 | 1350 | 0 | 0 | 135 |
| 9.通过实施利用NEES设施和E-Defens验证数值工具 | 11～15 | 6000 | 0 | 0 | 600 |
| 10.更新第16-20年的工具和流程 | | 3000 | 0 | 0 | 300 |
| 11.汇总结果和准备技术报告和部署 | 5、10、15、20 | 500 | 25 | 25 | 25 |
| **开发和部署有效的构件改造方法/技术** | | 15750 | 825 | 775 | 775 |
| 1.确定研究范围和召开研讨会 | 1 | 150 | 30 | 0 | 0 |
| 2.制定工作计划 | 2 | 100 | 20 | 0 | 0 |
| 3.开发替代改造方案 | 2～18 | 15000 | 750 | 750 | 750 |
| 4.部署和测试改造方案（包括别处） | | 0 | 0 | 0 | 0 |
| 5.建立和验证改造构件的非线性回归模型（包括别处） | | 0 | 0 | 0 | 0 |
| 6.汇总结果和准备技术报告 | 5、10、15、20 | 500 | 25 | 25 | 25 |
| **开发和部署现存建筑和条件的无损检测技术（NDE）** | | 9750 | 525 | 475 | 475 |
| 1.确定研究范围和召开研讨会（利用现存建筑，包括别处） | | 150 | 30 | 0 | 0 |

续表

| 研发任务 | 年份 | 总计（美元） | 第1～5年（年平均） | 第6～10年（年平均） | 第11～20年（年平均） |
|---|---|---|---|---|---|
| 2.制定工作计划 | 2 | 100 | 20 | 0 | 0 |
| 3.制定无损检测规范 | 3～20 | 9000 | 450 | 450 | 450 |
| 4.部署和测试备用的无损检测规范 | 3-20 | 0 | 0 | 0 | 0 |
| 5.汇总结果和准备技术报告 | 5、10、15、20 | 500 | 25 | 25 | 25 |
| **开发和部署建筑物评级系统** | | 4000 | 700 | 0 | 50 |
| 1.确定研究范围和召开研讨会 | 1 | 200 | 40 | 0 | 0 |
| 2.制定工作计划 | 1 | 100 | 20 | 0 | 0 |
| 3.使用数据和别处开发的PBD进行数值研究 | 2～4 | 3000 | 600 | 0 | 0 |
| 4.更新20年内的建筑评级系统 | 20 | 300 | 0 | 0 | 30 |
| 5.汇总结果和准备技术报告 | 5、20 | 400 | 40 | 0 | 20 |
| **评估现存建筑的可靠性和更新ASCE 41的PBD流程** | | 18650 | 2065 | 1665 | 0 |
| 1.确定研究范围和召开研讨会 | 1 | 150 | 30 | 0 | 0 |
| 2.制定工作计划 | 1 | 100 | 20 | 0 | 0 |
| 3.开发将测试数据转换为验收标准的方法 | 2 | 200 | 40 | 0 | 0 |
| 4.利用非线性动态分析检测线性和非线性静态程序 | 2～4 | 1800 | 360 | 0 | 0 |

续表

| 研发任务 | 年份 | 总计（美元） | 第1～5年（年平均） | 第6～10年（年平均） | 第11～20年（年平均） |
|---|---|---|---|---|---|
| 5.利用地震数据检测所有的程序 | 2～4 | 1800 | 360 | 0 | 0 |
| 6.利用新建筑物的性能校准改造标准 | 6～8 | 1800 | 0 | 360 | 0 |
| 7.验证ASCE—31/41的预期效果 | 9～10 | 250 | 0 | 50 | 0 |
| 8.基于基准来修订线性和非线性静态程序 | 4～5 | 150 | 30 | 0 | 0 |
| 9.利用NEES设施评估程序/验收标准 | 2～5 | 6000 | 1200 | 0 | 0 |
| 10.利用NEES设施和E-Dfense评估系统级别预测 | 6～8 | 6000 | 0 | 1200 | 0 |
| 11.更新非线性动态分析流程 | 8～10 | 150 | 0 | 30 | 0 |
| 12.汇总结果和准备技术报告 | 5.10 | 250 | 25 | 25 | 0 |
| **全国建筑物数据库的收集管理和存储** |  | 135650 | 6880 | 6750 | 6750 |
| 1.确定研究范围和召开研讨会 | 1 | 200 | 40 | 0 | 0 |
| 2.制定工作计划和标准化流程 | 1 | 150 | 30 | 0 | 0 |
| 3.制定流程跟踪更换残缺的建筑物，更新存档/损失评估 | 2.3 | 300 | 60 | 0 | 0 |
| 4.50个城市 | 1～20 | 135000 | 6750 | 6750 | 6750 |
| **非结构件和系统基于性能的改进** |  | 875 | 175 | 0 | 0 |

续表

| 研发任务 | 年份 | 总计（美元） | 第1～5年（年平均） | 第6～10年（年平均） | 第11～20年（年平均） |
|---|---|---|---|---|---|
| 1.确定研究范围和召开研讨会 | 1 | 150 | 30 | 0 | 0 |
| 2.制定工作计划 | 1 | 100 | 20 | 0 | 0 |
| 3.为改进建筑物和M/E/P构件与系统开发流程、工具和建议 | 2～3 | 500 | 100 | 0 | 0 |
| 4.准备技术报告 | 4 | 125 | 25 | 0 | 0 |
| 改造建筑结构的碳足迹技术 | | 775 | 155 | 0 | 0 |
| 1.确定研究范围和召开研讨会 | 1 | 150 | 30 | 0 | 0 |
| 2.制定工作计划 | 1 | 100 | 20 | 0 | 0 |
| 3.碳足迹技术计算框架 | 2～3 | 100 | 20 | 0 | 0 |
| 4.用于改造建筑的碳足迹技术 | 3～4 | 100 | 20 | 0 | 0 |
| 5.在损失中计算包含基于碳足迹的结果 | 4～5 | 200 | 40 | 0 | 0 |
| 6.准备技术报告 | 5 | 125 | 25 | 0 | 0 |
| **实施：更新标准和规范，减轻风险方案** | | 50400 | 2580 | 2500 | 2500 |
| 1.支持更新标准和指南 | | 10000 | 500 | 500 | 500 |
| 2.制定方法来衡量建筑材料对社区韧弹性的贡献 | 1～3 | 400 | 80 | 0 | 0 |
| 3.在全国范围内鼓励减灾计划 | | 40000 | 2000 | 2000 | 2000 |
| **总计** | | **543570** | **22892** | **33957** | **25932** |

表 E.6 任务 14 基于性能的建筑物抗震工程成本明细汇总（单位：千美元）

| 研发任务 | 总计（美元） | 第1～5年（年平均） | 第6～10年（年平均） | 第11～20年（年平均） |
|---|---|---|---|---|
| 项目协调与管理 | 148585 | 7429 | 7429 | 7429 |
| NEES设施的维护和运行：新设备购入 | 500000 | 25000 | 25000 | 25000 |
| 地面形变对建筑物的影响 | 8975 | 250 | 895 | 325 |
| 场地反应分析 | 12050 | 1615 | 385 | 205 |
| 构建土地模型 | 17150 | 1490 | 1440 | 250 |
| 土壤—地基—结构的相互作用 | 21500 | 325 | 1045 | 1465 |
| 地震动的选取和标定 | 2550 | 75 | 205 | 115 |
| 改进结构构件滞后模型 | 42300 | 2115 | 2115 | 2115 |
| 评估基于性能设计的ASCS41流程的可靠性 | 14600 | 1665 | 1255 | 0 |
| 开发可靠的倒塌计算工具 | 37250 | 1050 | 4075 | 1163 |
| 研究新的和老旧构件的脆性和结果函数 | 5875 | 858 | 218 | 50 |
| 开发PBEE损失评估模型 | 925 | 0 | 0 | 93 |
| 预期符合代码结构的性能 | 3450 | 690 | 0 | 0 |
| 扩展ATC-58基于性能的设计方法 | 2800 | 280 | 150 | 65 |
| 非结构构件和系统基于性能的设计 | 1325 | 265 | 0 | 0 |
| 开发智能的、创新的、可适应的、可持续利用的构件和框架系统 | 51500 | 2500 | 2500 | 2650 |
| 新建筑和改造建筑的碳足迹技术 | 675 | 135 | 0 | 0 |
| 实施：更新标准和指南 | 20000 | 1000 | 1000 | 1000 |
| **总计** | **891510** | **46742** | **47712** | **41924** |

表 E.7 任务 14 基于性能的建筑物抗震工程详细分解（单位：千美元）和进度安排

| 研发任务 | 时间 | 任务分解 | 第1～5年（年平均） | 第6～10年（年平均） | 第11～20年（年平均） |
|---|---|---|---|---|---|
| **项目协调与管理** | 1～20 | 148585 | 7429 | 7429 | 7429 |
| NEES设施的维护和运行：新设备购入 | 1～20 | 500000 | 25000 | 25000 | 25000 |
| **地面形变对建筑物的影响** | | 8975 | 250 | 895 | 325 |
| 1. 确定研究范围和召开研讨会 | 5 | 125 | 25 | 0 | 0 |
| 2. 制定工作计划 | 5 | 100 | 20 | 0 | 0 |
| 3. 使用NEES设施进行试验研究 | 6～9 | 3000 | | 600 | 0 |
| 4. 地面形变对建筑物的影响 | 7～10 | 900 | | 180 | 0 |
| 5.利用NEES和E-Defens验证数值工具 | 11～15 | 3000 | | 0 | 300 |
| 6.利用NEES设施减少液化影响 | 2～10 | 1350 | 180 | 90 | 0 |
| 7.汇总结果和准备技术报告 | 5 | 500 | 25 | 25 | 25 |
| **场地反应分析** | | 12050 | 1615 | 385 | 205 |
| 1.确定研究范围和召开研讨会 | 1 | 150 | 30 | 0 | 0 |
| 2.制定工作计划 | 1 | 100 | 20 | 0 | 0 |
| 3.使用NEES进行现场测试 | 2～4 | 5000 | 1000 | 0 | 0 |
| 4.WUS场地类别系数 | 3～5 | 1350 | 270 | 0 | 0 |
| 5.PNW场地类别系数 | 4～6 | 900 | 120 | 60 | 0 |
| 6.CEUS场地类别系数 | 5～7 | 2250 | 150 | 300 | 0 |
| 7.更新第11-20年的工作 | | 1800 | 0 | 0 | 180 |
| 8.汇总结果和准备技术报告 | 5、10、15、20 | 500 | 25 | 25 | 25 |
| **构建土地模型** | | 17150 | 1490 | 1440 | 250 |
| 1.确定研究范围和召开研讨会 | 1 | 150 | 30 | 0 | 0 |
| 2.制定工作计划 | 1 | 100 | 20 | 0 | 0 |
| 3.构件测试程序（小尺度） | 2～10 | 5000 | 500 | 500 | 0 |

续表

| 研发任务 | 时间 | 任务分解 | 第1～5年（年平均） | 第6～10年（年平均） | 第11～20年（年平均） |
|---|---|---|---|---|---|
| 4.利用NEES测试系统程序 | 2～10 | 3750 | 375 | 375 | 0 |
| 5.开发等效线性模型 | 2～10 | 2250 | 225 | 225 | 0 |
| 6.建立非线性滞后模型 | 2～10 | 2250 | 225 | 225 | 0 |
| 7.利用有限元代码实现 | 2～10 | 900 | 90 | 90 | 0 |
| 8.更新第11-20年的工作 | 11～20 | 2250 | 0 | 0 | 225 |
| 9.汇总结果和准备技术报告 | 5、10、15、20 | 500 | 25 | 25 | 25 |
| **土壤—地基—结构的相互作用** | | 21500 | 325 | 1045 | 1465 |
| 1.确定研究范围和召开研讨会 | 5 | 200 | 40 | 0 | 0 |
| 2.制定工作计划 | 5 | 100 | 20 | 0 | 0 |
| 3.离心测试程序 | 6～10 | 3750 | 0 | 750 | 0 |
| 4.为独立结构制定简化的指南和工具 | 11～15 | 1350 | 0 | 0 | 135 |
| 5.为结构群制定简化的指南和工具 | 11～15 | 1350 | 0 | 0 | 135 |
| 6.开发时间域有限元分析程序 | 6～10，15～20 | 2700 | 0 | 270 | 135 |
| 7.制定概率SSI分析流程 | 1～5 | 1200 | 240 | 0 | 0 |
| 8.利用有限元程序实现时域和频域算法 | 11～15 | 1350 | 0 | 0 | 135 |
| 9.利用NEES和E-Defens验证数值工具 | 11～15 | 6000 | 0 | 0 | 600 |
| 10. 更新第16-20年的工具和流程 | | 3000 | 0 | 0 | 300 |
| 11.汇总结果和准备技术报告 | 5、10、15、20 | 500 | 25 | 25 | 25 |
| **地震动的选取和标定** | | 2550 | 75 | 205 | 115 |
| 1.确定研究范围和召开研讨会 | 2 | 150 | 30 | 0 | 0 |
| 2.制定工作计划 | 2 | 100 | 20 | 0 | 0 |

续表

| 研发任务 | 时间 | 任务分解 | 第1～5年（年平均） | 第6～10年（年平均） | 第11～20年（年平均） |
|---|---|---|---|---|---|
| 3.更新建筑物程序，考虑SSI效应 | 8～10 | 900 | 0 | 180 | 0 |
| 4.更新第11-20年的程序 | | 900 | 0 | 0 | 90 |
| 5.汇总结果和准备技术报告 | 5、10、15、20 | 500 | 25 | 25 | 25 |
| **改进结构构件滞后模型** | | 42300 | 2115 | 2115 | 2115 |
| 1.确定研究范围和召开研讨会 | 1、6、11、15 | 600 | 30 | 30 | 30 |
| 2.制定工作计划 | 1、6、11、15 | 600 | 30 | 30 | 30 |
| 3.构件程序测试（NEES设施） | 1～20 | 15000 | 750 | 750 | 750 |
| 4.系统程序测试（NEES/E-Dfense设施） | 1～20 | 8000 | 400 | 400 | 400 |
| 5.开发非线性滞后模型 | 1～20 | 9000 | 450 | 450 | 450 |
| 6.验证非线性滞后模型 | 1～20 | 8000 | 400 | 400 | 400 |
| 7.制定有限元分析的指南和工具 | 每5年 | 600 | 30 | 30 | 30 |
| 8.汇总结果和准备技术报告 | 每5年 | 500 | 25 | 25 | 25 |
| **评估基于性能设计的ASCS41流程的可靠性** | | 14600 | 1665 | 1255 | 0 |
| 1.确定研究范围和召开研讨会 | 1 | 150 | 30 | 0 | 0 |
| 2.制定工作计划 | 1 | 100 | 20 | 0 | 0 |
| 3.利用非线性动态分析检测线性和非线性静态程序 | 2～4 | 1800 | 360 | 0 | 0 |
| 4.基于基准来修订线性和非线性的静态程序 | 4～5 | 150 | 30 | 0 | 0 |
| 5.利用NEES测试构件程序 | 2～5 | 6000 | 1200 | 0 | 0 |
| 6.利用NEES测试系统程序 | 6-8 | 6000 | 0 | 1200 | 0 |

续表

| 研发任务 | 时间 | 任务分解 | 第1～5年（年平均） | 第6～10年（年平均） | 第11～20年（年平均） |
|---|---|---|---|---|---|
| 7.更新非线性的动态分析流程 | 8～10 | 150 | 0 | 30 | 0 |
| 8.汇总结果和准备技术报告 | 5.10 | 250 | 25 | 25 | 0 |
| 开发可靠的倒塌计算工具 | | 37250 | 1050 | 4075 | 1163 |
| 1.确定研究范围和召开研讨会 | 3 | 150 | 30 | 0 | 0 |
| 2.制定工作计划 | 3 | 100 | 20 | 0 | 0 |
| 3.利用NEES设施和E-Defens进行多框架系统倒塌实验 | 6～10 | 12000 | 0 | 2400 | 0 |
| 4.利用NEES设施对框架系统的关键部件进行实验 | 4～7 | 7500 | 750 | 750 | 0 |
| 5.通过试错开发改进结构构件滞后模型 | 4～20 | 4500 | 225 | 225 | 225 |
| 6.研究框架系统倒塌的触发因素 | 6～10 | 2250 | 0 | 450 | 0 |
| 7.改进系统级倒塌计算和有限元程序 | 6～15 | 2250 | 0 | 225 | 113 |
| 8.利用NEES和E-Defens设施验证和改进计算程序 | 11～20 | 8000 | 0 | 0 | 800 |
| 9.汇总结果和准备技术报告 | 每5年 | 500 | 25 | 25 | 25 |
| **研究新的和老旧构件的脆性和结果函数** | | 5875 | 858 | 218 | 50 |
| 1.确定研究范围和召开研讨会 | 1 | 100 | 20 | 0 | 0 |
| 2.制定工作计划 | 1 | 100 | 20 | 0 | 0 |
| 3.利用NEES设施进行实验 | 2～4 | 3000 | 600 | 0 | 0 |
| 4.利用别处开发的改进滞后模型进行数值研究 | 4～6 | 1800 | 180 | 180 | 0 |
| 5.开发、记录脆性和结果函数（别处不涉及、根据现在数据） | 2～8 | 125 | 13 | 13 | 0 |
| 6.更新第11-20年的功能（使用别处生成的实验数据） | | 250 | 0 | 0 | 25 |

续表

| 研发任务 | 时间 | 任务分解 | 第1~5年（年平均） | 第6~10年（年平均） | 第11~20年（年平均） |
|---|---|---|---|---|---|
| 7.汇总结果和准备技术报告 | 每5年 | 500 | 25 | 25 | 25 |
| **开发PBEE损失评估模型** | | 925 | 0 | 0 | 93 |
| 1.确定研究范围和召开研讨会 | 11 | 100 | 0 | 0 | 10 |
| 2.制定工作计划 | 11 | 100 | 0 | 0 | 10 |
| 3.开发并实施地面形变工具 | 12~13 | 200 | 0 | 0 | 20 |
| 4.开发并实施震后火灾工具 | 13~14 | 200 | 0 | 0 | 20 |
| 5.开发并实施与碳排放有关的工具 | 12~13 | 200 | 0 | 0 | 20 |
| 6.汇总结果和准备技术报告 | 15 | 125 | 0 | 0 | 13 |
| **预期符合代码结构的性能** | | 3450 | 690 | 0 | 0 |
| 1.确定研究范围和召开研讨会 | 1 | 150 | 30 | 0 | 0 |
| 2.制定工作计划 | 1 | 100 | 20 | 0 | 0 |
| 3.评估符合标准代码结构的性能（WUS） | 2~3 | 500 | 100 | 0 | 0 |
| 4.评估符合标准代码结构的性能（PNW） | 2~3 | 500 | 100 | 0 | 0 |
| 5.评估符合标准代码结构的性能（CEUS） | 2~3 | 1000 | 200 | 0 | 0 |
| 6.修订ASCE-7的规定，R值等 | 4.5 | 1000 | 200 | 0 | 0 |
| 7.汇总结果和准备技术报告 | 5 | 200 | 40 | 0 | 0 |
| **扩展ATC-58基于性能的设计方法** | | 2800 | 280 | 150 | 65 |
| 1.确定研究范围和召开研讨会 | 1 | 150 | 30 | 0 | 0 |
| 2.制定工作计划 | 1 | 100 | 20 | 0 | 0 |
| 3.将该方法扩展到计算地面形变 | 11~13 | 200 | 0 | 0 | 20 |
| 4.将该方法扩展到计算震后洪水 | 11~13 | 200 | 0 | 0 | 20 |
| 5.将该方法扩展到生命线工程 | 2~4 | 500 | 100 | 0 | 0 |
| 6.将该方法扩展到土制结构 | 2~4 | 200 | 40 | 0 | 0 |

续表

| 研发任务 | 时间 | 任务分解 | 第1～5年（年平均） | 第6～10年（年平均） | 第11～20年（年平均） |
| --- | --- | --- | --- | --- | --- |
| 7.将该方法扩展到选定的基础结构 | 6-10 | 500 | 0 | 100 | 0 |
| 8.将该方法扩展到防洪结构 | 2-4 | 200 | 40 | 0 | 0 |
| 9.准备技术报告 | 5、10、15 | 750 | 50 | 50 | 25 |
| **非结构构件和系统基于性能的设计** | | 1325 | 265 | 0 | 0 |
| 1.确定研究范围和召开研讨会 | 1 | 100 | 20 | 0 | 0 |
| 2.制定工作计划 | 1 | 100 | 20 | 0 | 0 |
| 3.为建筑物和MIEIP构件系统开发流程和工具 | 2-5 | 1000 | 200 | 0 | 0 |
| 4.汇总结果和准备技术报告 | 5 | 125 | 25 | 0 | 0 |
| **开发智能的、创新的、可适应的、可持续的利用的构件和框架系统** | | 51500 | 2500 | 2500 | 2650 |
| 1.开发和部署智能框架系统，包括滞后模型 | 1-20 | 20000 | 1000 | 1000 | 1000 |
| 2.开发和部署可适应的构件，包括滞后模型 | 1-20 | 20000 | 1000 | 1000 | 1000 |
| 3.开发和部署可持续利用的构件（系统），包括滞后模型 | 1-20 | 10000 | 500 | 500 | 500 |
| 4.准备智能框加系统的标准和指南 | 11-20 | 500 | 0 | 0 | 50 |
| 5.准备可适应的构件的标准和指南 | 11-20 | 500 | 0 | 0 | 50 |
| 6.准备可持续利用的构件的标准和指南 | 11-20 | 500 | 0 | 0 | 50 |
| **新建筑和改造建筑结构的碳足迹技术** | | 675 | 135 | 0 | 0 |

续表

| 研发任务 | 时间 | 任务分解 | 第1～5年（年平均） | 第6～10年（年平均） | 第11～20年（年平均） |
|---|---|---|---|---|---|
| 1.确定研究范围和召开研讨会 | 1 | 150 | 30 | 0 | 0 |
| 2.制定工作计划 | 1 | 100 | 20 | 0 | 0 |
| 3.新的和老旧框架系统的碳足迹计算构架 | 2、3 | 100 | 20 | 0 | 0 |
| 4.用于改造建筑物的碳足迹计算 | 3、4 | 100 | 20 | 0 | 0 |
| 5.在损失计算中包含基于碳足迹的结果 | 4、5 | 100 | 20 | 0 | 0 |
| 6.准备技术报告 | 5 | 125 | 25 | 0 | 0 |
| 实施：更新标准和指南 | | 20000 | 1000 | 1000 | 1000 |
| 总计 | | 891510 | 46742 | 47712 | 41924 |

## 表 E.8　任务 16 下一代可持续材料、构件和系统成本明细汇总（单位：千美元）

| 研发任务 | 总计 | 第1～5年（年平均） | 第6～10年（年平均） | 第11～20年（年平均） |
|---|---|---|---|---|
| 项目研究中心管理 | 55735 | 2787 | 2787 | 2787 |
| 调查与描述新材料特性 | 73300 | 4685 | 6575 | 1700 |
| 设计新的模块预制构件和框架系统 | 8175 | 0 | 835 | 400 |
| 开发工具、技术和细部加入到新材料中 | 16000 | 0 | 1100 | 1050 |
| 原型构件、连接和框架系统 | 8200 | 0 | 469 | 586 |
| 利用NEES设施对新材料构件进行适度和全面的测试 | 50700 | 0 | 0 | 5070 |
| 全面测试3D框架系统 | 15550 | 0 | 0 | 1555 |
| 为新材料开发设计工具和方程 | 8000 | 0 | 0 | 800 |
| 开发和描述一种新的可适应材料的特性 | 15650 | 0 | 1600 | 765 |

续表

| 研发任务 | 总计 | 第1～5年（年平均） | 第6～10年（年平均） | 第11～20年（年平均） |
|---|---|---|---|---|
| 开发可适应材料控制响应的鲁棒算法 | 5300 | 0 | 0 | 530 |
| 开发一种低成本、低功耗、零维护的无线传感器 | 12800 | 685 | 625 | 625 |
| 在宏观尺度上描述可适应材料和构件 | 8100 | 0 | 0 | 810 |
| 开发算法利用可适应的构件来控制框架系统的响应 | 8000 | 0 | 0 | 800 |
| 利用NEES设施对可适应的构件进行适度和全面的测试 | 25550 | 0 | 0 | 2555 |
| 全面测试自适应3D框架系统 | 15350 | 0 | 0 | 1535 |
| 为可适应的构件和系统开发设计工具和方程 | 8000 | 0 | 0 | 800 |
| **总计** | **334410** | **8157** | **13990** | **22368** |

## 表 E.9　任务 16 下一代可持续材料、构件和系统成本明细汇总（单位：千美元）

| 研发任务 | 时间 | 任务分解 | 第1～5年（年平均） | 第6～10年（年平均） | 第11～20年（年平均） |
|---|---|---|---|---|---|
| 项目研究中心管理 | 1-20 | 55735 | 2787 | 2787 | 2787 |
| 调查与描述新材料特性 | | 73300 | 4685 | 6575 | 1700 |
| 1.确定研究范围和召开研讨会 | 1 | 200 | 40 | 0 | 0 |
| 2.制定工作计划 | 1 | 100 | 20 | 0 | 0 |
| 3.小尺度特征研究——混凝土（低水泥、高强度、高纤维） | 2～10 | 15000 | 1500 | 1500 | 0 |
| 4.小尺度特征研究——金属 | 2～10 | 15000 | 1500 | 1500 | 0 |
| 5.小尺度特征研究——聚合物 | 2～10 | 15000 | 1500 | 1500 | 0 |
| 6.小尺度特征研究——其他材料 | 6～15 | 7500 | 0 | 750 | 375 |
| 7.开发新材料的微观力学模型 | 6～20 | 18000 | 0 | 1200 | 1200 |
| 8.汇总结果和准备技术报告 | 5、10、15、20 | 2500 | 125 | 125 | 125 |

续表

| 研发任务 | 时间 | 任务分解 | 第1～5年（年平均） | 第6～10年（年平均） | 第11～20年（年平均） |
|---|---|---|---|---|---|
| 设计新的模块预制构件和框架系统 | | 8175 | 0 | 835 | 400 |
| 1.确定研究范围和召开研讨会 | 6 | 200 | 0 | 40 | 0 |
| 2.制定工作计划 | 6 | 100 | 0 | 20 | 0 |
| 3.开发新构件和系统 | 7～15 | 7500 | 0 | 750 | 375 |
| 4.汇总结果和准备技术报告 | 10、15、20 | 375 | 0 | 25 | 25 |
| **开发工具、技术和细部加入到新材料中** | | 16000 | 0 | 1100 | 1050 |
| 1.确定研究范围和召开研讨会 | 6 | 150 | 0 | 30 | 0 |
| 2.制定工作计划 | 6 | 100 | 0 | 20 | 0 |
| 3.构件测试程序（小尺度） | 7～20 | 15000 | 0 | 1000 | 1000 |
| 4.汇总结果和准备技术报告 | 10、15、20 | 750 | 0 | 50 | 50 |
| 原型构件连接和框架系统 | | 8200 | 0 | 469 | 586 |
| 1.确定研究范围和召开研讨会 | 8 | 100 | 0 | 20 | 0 |
| 2.制定工作计划 | 8 | 100 | 0 | 20 | 0 |
| 3.原型构件连接和系统 | 9～15 | 7500 | 0 | 429 | 536 |
| 4.汇总结果和准备技术报告 | 15.20 | 500 | 0 | 0 | 50 |
| 利用NEES设施对新材料进行适应和全面的测试 | | 50700 | 0 | 0 | 5070 |
| 1.确定研究范围和召开研讨会 | 11 | 100 | 0 | 0 | 10 |
| 2.制定工作计划 | 11 | 100 | 0 | 0 | 10 |
| 3.利用NEES测试构件程序（反应墙、层流箱） | 12～20 | 30000 | 0 | 0 | 3000 |
| 4.为新材料建立非线性滞后模型 | 12～20 | 9000 | 0 | 0 | 900 |
| 5.利用有限元代码实现模型 | 12～20 | 9000 | 0 | 0 | 900 |
| 6.开发基于性能设计的脆性和结果函数 | 12～20 | 2000 | 0 | 0 | 200 |

续表

| 研发任务 | 时间 | 任务分解 | 第1~5年（年平均） | 第6~10年（年平均） | 第11~20年（年平均） |
|---|---|---|---|---|---|
| 7.汇总结果和准备技术报告 | 15.20 | 500 | 0 | 0 | 50 |
| 全面测试3D框架系统 | | 15550 | 0 | 0 | 1555 |
| 1.确定研究范围和召开研讨会 | 16 | 200 | 0 | 0 | 20 |
| 2.制定工作计划 | 16 | 100 | 0 | 0 | 10 |
| 3.利用NEES设施和E-Defense进行全面测试 | 17~20 | 12500 | 0 | 0 | 1250 |
| 4.验证数值工具和模型 | 18~20 | 2250 | 0 | 0 | 225 |
| 5.汇总结果和准备技术报告 | 15、20 | 500 | 0 | 0 | 50 |
| 设计工具和方程 | | 8000 | 0 | 0 | 800 |
| 1.确定研究范围和召开研讨会 | 16 | 200 | 0 | 0 | 20 |
| 2.制定工作计划 | 16 | 100 | 0 | 0 | 10 |
| 3.开发设计工具和方程 | 17~20 | 4500 | 0 | 0 | 450 |
| 4.准备材料标准（e.g.,ACI318） | 17~20 | 2700 | 0 | 0 | 270 |
| 5.汇总结果和准备技术报告 | 20 | 500 | 0 | 0 | 50 |
| 开发和描述一种新的可适应材料的特性 | | 15650 | 0 | 1600 | 765 |
| 1.确定研究范围和召开研讨会 | 6 | 200 | 0 | 40 | 0 |
| 2.制定工作计划 | 6 | 150 | 0 | 30 | 0 |
| 3.开发和描述新材料和液体的特性 | 7~15 | 15000 | 0 | 1500 | 750 |
| 4.汇总结果和准备技术报告 | 10、15 | 300 | 0 | 30 | 15 |
| 开发可适应材料控制响应的鲁棒算法 | | 5300 | 0 | 0 | 530 |
| 1.确定研究范围和召开研讨会 | 11 | 150 | 0 | 0 | 15 |
| 2.制定工作计划 | 11 | 150 | 0 | 0 | 15 |
| 3.算法的开发与验证 | 12~18 | 4500 | 0 | 0 | 450 |
| 4.汇总结果和准备技术报告 | 15、20 | 500 | 0 | 0 | 50 |

续表

| 研发任务 | 时间 | 任务分解 | 第1～5年（年平均） | 第6～10年（年平均） | 第11～20年（年平均） |
|---|---|---|---|---|---|
| 开发一种低成本、低功耗、零维护的无线传感器 | | 12800 | 685 | 625 | 625 |
| 1.确定研究范围和召开研讨会 | 1 | 200 | 40 | 0 | 0 |
| 2.制定工作计划 | 1 | 100 | 20 | 0 | 0 |
| 3.开发新传感器 | 2～20 | 12000 | 600 | 600 | 600 |
| 4.汇总结果和准备技术报告 | 5.10.15.20 | 500 | 25 | 25 | 25 |
| 研制宏观尺度上的自适应材料和构件原型 | | 8100 | 0 | 0 | 810 |
| 1.确定研究范围和召开研讨会 | 11 | 200 | 0 | 0 | 20 |
| 2.制定工作计划 | 11 | 150 | 0 | 0 | 15 |
| 3.原型构件、连接和系统 | 12～15 | 7500 | 0 | 0 | 750 |
| 4.汇总结果和准备技术报告 | 15和20 | 250 | 0 | 0 | 25 |
| 开发算法利用可适应的构件来控制框架系统的响应 | | 8000 | 0 | 0 | 800 |
| 1.确定研究范围和召开研讨会 | 11 | 150 | 0 | 0 | 15 |
| 2.制定工作计划 | 11 | 100 | 0 | 0 | 10 |
| 3.算法开发并通过测试验证 | 12～20 | 7500 | 0 | 0 | 750 |
| 4.汇总结果和准备技术报告 | 15、20 | 250 | 0 | 0 | 25 |
| 利用NEES设施对可适应的构件进行适度和全面的测试 | | 25550 | 0 | 0 | 2555 |
| 1.确定研究范围和召开研讨会 | 15 | 200 | 0 | 0 | 20 |
| 2.制定工作计划 | 15 | 100 | 0 | 0 | 10 |
| 3.利用NEES设施进行构件程序测试（反应墙层、层流 箱） | 16～20 | 15000 | 0 | 0 | 1500 |
| 4. 为材料标准开发非线性滞后模型和方程 | 16～20 | 4500 | 0 | 0 | 450 |
| 5.利用有限元代码实现模型 | 16～20 | 4500 | 0 | 0 | 450 |

续表

| 研发任务 | 时间 | 任务分解 | 第1～5年（年平均） | 第6～10年（年平均） | 第11～20年（年平均） |
|---|---|---|---|---|---|
| 6.开发基于性能设计的脆性和结果函数 | 16～20 | 1000 | 0 | 0 | 100 |
| 7.汇总结果和准备技术报告 | 20 | 250 | 0 | 0 | 25 |
| 全面测试可适应3D框架系统 | | 15350 | 0 | 0 | 1535 |
| 1.确定研究范围和召开研讨会 | 16 | 200 | 0 | 0 | 20 |
| 2.制定工作计划 | 16 | 150 | 0 | 0 | 15 |
| 3.利用NEES设施和E-Defense进行全面测试 | 17～20 | 12500 | 0 | 0 | 1250 |
| 4.验证数值工具和模型 | 18～20 | 2250 | 0 | 0 | 225 |
| 5.汇总结果和准备技术报告 | 20 | 250 | 0 | 0 | 25 |
| 为可适应的构件和系统开发设计工具和方程 | | 8000 | 0 | 0 | 800 |
| 1.确定研究范围和召开研讨会 | 16 | 200 | 0 | 0 | 20 |
| 2.制定工作计划 | 16 | 100 | 0 | 0 | 10 |
| 3.开发设计工具和方程 | 17～20 | 4500 | 0 | 0 | 450 |
| 4.准备材料标准（e.g.,ACI318） | 17～20 | 2700 | 0 | 0 | 270 |
| 5.汇总结果和准备技术报告 | 20 | 500 | 0 | 0 | 50 |
| 总计 | | 334410 | 8157 | 13990 | 22368 |

表 E.10　任务 18 地震韧弹性社区和区域示范项目成本明细（单位：百万美元）

| 预算组成 | 总成本 | 年支出 | | | | | | | | | | | | | |
|---|---|---|---|---|---|---|---|---|---|---|---|---|---|---|---|
| | | 1～2 | 3 | 4 | 5 | 6 | 7 | 8~9 | 10 | 11~13 | 14 | 15~17 | 18 | 19 | 20 |
| 计划管理和支持 | 22 | 0.5 | 0.5 | 0.88 | 0.88 | 0.88 | 0.88 | 0.88 | 1.38 | 1.38 | 1.38 | 1.38 | 1.38 | 1.38 | 1.375 |
| 国家推广和信息 | 20 | 1.0 | 1.0 | 1.0 | 1.0 | 1.0 | 1.0 | 1.0 | 1.0 | 1.0 | 1.0 | 1.0 | 1.0 | 1.0 | 1.0 |
| 战略准备 | 1 | 1.5 | 0 | 0 | 0 | 0 | 0 | 0 | 0 | 0 | 0 | 0 | 0 | 0 | 0 |

续表

| 预算组成 | 总成本 | 年支出 | | | | | | | | | | | | | |
|---|---|---|---|---|---|---|---|---|---|---|---|---|---|---|---|
| | | 1～2 | 3 | 4 | 5 | 6 | 7 | 8～9 | 10 | 11～13 | 14 | 15～17 | 18 | 19 | 20 |
| 资料收集和解析 | 5 | 0.25 | 0.25 | 0.25 | 0.25 | 0.25 | 0.25 | 0.25 | 0.25 | 0.25 | 0.25 | 0.25 | 0.25 | 0.25 | 0.25 |
| 独立研究 | 20 | 1.0 | 1.0 | 1.0 | 1.0 | 1.0 | 1.0 | 1.0 | 1.0 | 1.0 | 1.0 | 1.0 | 1.0 | 1.0 | 1.0 |
| 社区推广 | 840 | 0 | 7.5 | 15 | 30 | 45 | 52.5 | 60 | 60 | 60 | 60 | 60 | 45 | 30 | 15 |
| 规范补充 | 5 | 0.25 | 0.25 | 0.25 | 0.25 | 0.25 | 0.25 | 0.25 | 0.25 | 0.25 | 0.25 | 0.25 | 0.25 | 0.25 | 0.25 |
| 监督、评估、分析、反馈、修订 | 0 | 0.25 | 0.5 | 0.5 | 0.5 | 0.5 | 0.5 | 0.5 | 0.5 | 0.5 | 0.5 | 0.5 | 0.5 | 0.5 | 0.5 |
| 制定政策 | 2 | 0 | 0 | 0 | 0 | 0.5 | 0 | 0 | 0.5 | 0 | 0.5 | 0 | 0.5 | 0 | 0 |
| 年度研讨 | 3 | 0.15 | 0.15 | 0.15 | 0.15 | 0.15 | 0.15 | 0.15 | 0.15 | 0.15 | 0.15 | 0.15 | 0.15 | 0.15 | 0.15 |
| 国家参与（约30个国家） | 73.5 | 0 | 0.75 | 2.25 | 3.0 | 4.5 | 4.5 | 4.5 | 4.5 | 4.5 | 4.5 | 4.5 | 4.5 | 4.5 | 4.5 |
| **总计** | **1001** | **3.9** | **12** | **21.3** | **37** | **54** | **61** | **68.5** | **69.5** | **69** | **69.5** | **69** | **54.5** | **39** | **24** |

# 附录F 缩略语

AEL：年度地震损失

AELR：年度地震损失率

ALA：美国生命线联盟

ANSS：美国国家地震监测台网

ARRA：美国复苏与再投资法案

ASCE：美国土木工程师学会

ATC：应用技术委员会

BSSC：建筑地震安全委员会

CARRI：社区和区域性韧弹性研究所

CDMS：综合数据管理系统

CGE：可计算一般均衡分析

CISN：加州综合地震台网

CLEANER：环境研究的大型工程协作分析网络

CREW：卡斯卡迪亚地区地震工作组

CUREE：地震工程研究大学联盟

CUSEC：美国中部地震联盟

DELM：直接经济损失模块

DHS：美国国土安全部

DOGAMI：俄勒冈州地矿局

DRC：灾害韧弹性社区

DSER：直接静态经济弹性

EERI：美国地震工程研究所

EEW：地震预警

FEMA：美国联邦紧急事务管理署

GEER：岩土工程极端事件勘察协会

GIS：地理信息系统

GPS：全球导航系统

HAZUS：美国灾害评估软件

HAZUS-MH：美国灾害评估软件多灾种版

HUGs：美国灾害评估软件用户组

I-O：输入输出

IDFBS：印第安纳消防和建筑服务部

IELM：间接经济损失模块

IIPLR：美国减少财产损失保险协会

InSAR：干涉合成孔径雷达

ISDR：联合国国际减灾战略

LFE：EERI 调查工程“从地震中学习”

LiDAR：激光探测与测距

LTER：长期生态研究

MAE：中美州地震中心

MCEER：纽约州立大学布法罗分校多学科地震工程研究中心

MP：数学规划

NCSA：美国国家超级计算机应用中心

NEES：地震工程模拟网络

NEHRP：国家地震减灾计划

NEIC：国家地震信息中心

NEON：国家生态观测网

NEPEC：国家地震预测评估委员会

NGA：下一代衰减

NHRAIC：自然灾害研究应用和信息中心

NIBS：美国国家建筑科学研究院

NIPP：美国国土安全部基础设施保护计划

NIST：美国国家标准与技术研究院

NRC：美国国家研究委员会

NSF：美国国家科学基金会

NSTC：美国国家科学技术委员会

OES：加利福尼亚州长紧急事务办公室

OpenSees：地震工程模拟开放系统

PEER：太平洋地震工程研究中心

PGA：地震动峰值加速度

PIMS：震后信息管理系统

R&D：研究与试验发展

RAVON：弹性和脆弱性观测网

ROVER：脆弱性快速观测与风险评估

SEAW：华盛顿结构工程师协会

SPUR：旧金山规划和城市研究协会韧性城市倡议

STEP：短期地震概率

TCLEE：生命线地震工程技术委员会

UCERF2：统一加利福尼亚地震破裂预测模型第二版

USGS：美国地质调查局

URM：未加固砌体

## 美国国家研究院——科学、工程和医学领域的国家顾问

美国国家科学院是一个民间的、非营利的、自治研究机构，由科学和工程领域的著名科学家组成，致力于促进科学技术发展和公共应用。根据 1863 年国会授权的章程，其主要职责是为美国联邦政府提供科技咨询建议。Ralph J. Cicerone 博士是美国国家科学院院长。

美国国家工程院成立于 1964 年，是根据美国国家科学院章程设立的，由杰出工程技术人员组成的研究机构。它拥有自主行政管理权和选拔权，与国家科学院一起共同为美国联邦政府提供咨询。国家工程院还资助满足国家需求的工程项目，鼓励相关教育和研究，并表彰工程技术人员的突出成就。Charles M. Vest 博士是美国国家工程院院长。

美国国家医学院于 1970 年由美国国家科学院设立，以确保在审查与公众健康有关的政策事项时，能获得相关领域杰出专家团队的服务。根据美国国家科学院的章程，国家医学院作为联邦政府的顾问，根据自己的主张，确定医疗、研究和教育等议题。Harvey V. Fineberg 博士是美国国家医学院院长。

美国国家研究委员会于 1916 年由美国国家科学院设立，旨在联系更多科学技术团体，以实现国家科学院提出的增进知识、为联邦政府提供咨询建议的目标。根据美国国家科学院制定的总体政策，委员会已成为国家科学院和国家工程院向政府、公众和科学工程界提供服务的主要执行机构。美国国家研究委员会由国家科学院和国家医学院联合管理。Ralph J. Cicerone 博士和 Charles M. Vest 博士分别是国家研究委员会的主席和副主席。

## 美国地震韧弹性研究、实施与推广委员会

ROBERT M. HAMILTON，委员会主席，宾夕法尼亚州齐利诺普尔市

RICHARD A. ANDREWS，独立顾问，加利福尼亚州雷德兰兹市

ROBERT A. BAUER，伊利诺斯州地质调查局香槟分校

JANE A. BULLOCK，Bullock and Haddow 咨询有限责任公司，弗吉尼亚州雷斯顿市

STEPHANIE E. CHANG，不列颠哥伦比亚大学，加拿大温哥华市

WILLIAM T. HOLMES，Rutherford & Chekene 工程设计公司，加州旧金山

LAURIE A. JOHNSON，Laurie Johnson 咨询研究公司，加利福尼亚州旧金山市

THOMAS H. JORDAN，美国南加州大学洛杉矶分校

GARY A. KREPS，威廉玛丽学院（荣誉），弗吉尼亚州威廉斯堡市

ADAM Z. ROSE，南加州大学洛杉矶分校

L. THOMAS TOBIN，Tobin & Associates 咨询公司，加利福尼亚州米尔谷市

ANDREW S. WHITTAKER，纽约州立大学布法罗分校

地震与地球动力学委员会联络人

STUART P. NISHENKO，太平洋煤气电力公司，加利福尼亚州旧金山市

美国国家研究委员会工作人员

DAVID A. FEARY，研究主任

NICHOLAS D. ROGERS，财务和研究助理

JASON R. ORTEGO，研究助理

JENNIFER T. ESTEP，财务和行政助理

ERIC J. EDKIN，高级项目助理

## 地球科学与资源理事会

CORALE L. BRIERLEY，理事会主席，Brierley 咨询有限责任公司，科罗拉多州高地牧场

KEITH C. CLARKE，加州大学圣巴巴拉分校

DAVID J. COWEN，南卡罗来纳大学哥伦比亚分校

WILLIAM E. DIETRICH，加州大学伯克利分校

ROGER M. DOWNS，宾夕法尼亚州立大学帕克校区

JEFF DOZIER，加州大学圣巴巴拉分校

WILLIAM L. GRAF，南卡罗来纳大学哥伦比亚分校

RUSSELL J. HEMLEY，华盛顿卡内基研究所，华盛顿特区

MURRAY W. HITZMAN，科罗拉多州矿业学院，戈尔登市

EDWARD KAVAZANJIAN, JR.，亚利桑那州立大学坦佩分校

ROBERT B. McMASTER，明尼苏达大学，明尼阿波利斯市

M. MEGHAN MILLER，UNAVCO 公司，科罗拉多州博尔德市

ISABEL P. MONTAÑE Z，加州大学戴维斯分校

CLAUDIA INÉS MORA，洛斯阿拉莫斯国家实验室，新墨西哥州

BRIJ M. MOUDGIL，佛罗里达大学盖恩斯维尔分校

CLAYTON R. NICHOLS，能源部爱达荷州营运办公室（退休），华盛顿海洋公园

HENRY N. POLLACK，密歇根大学安娜堡分校

JOAQUIN RUIZ，亚利桑那大学图森分校

PETER M. SHEARER，加州大学圣地亚哥分校

REGINAL SPILLER，Frontera资源公司（退休），德克萨斯州休斯顿市

RUSSELL E. STANDS-OVER-BULL，阿纳达科石油公司，科罗拉多州丹佛市

TERRY C. WALLACE,JR.，洛斯阿拉莫斯国家实验室，新墨西哥州

美国国家研究委员会工作人员

ANTHONY R. de SOUZA，主任

ELIZABETH A. EIDE，高级项目官员

DAVID A. FEARY，高级项目官员

ANNE M. LINN，高级项目官员

SAMMANTHA L. MAGSINO，项目官员

MARK D. LANGE，助理项目官员

JENNIFER T. ESTEP，财务和行政助理

NICHOLAS D. ROGERS，财务和研究助理

COURTNEY R. GIBBS，项目助理

JASON R. ORTEGO，研究助理

ERIC J. EDKIN，高级项目助理

CHANDA IJAMES，项目助理

## 地震与地球动力学委员会

DAVID T. SANDWELL，Scripps 海洋研究所主席，加利福尼亚州拉霍亚市

MICHAEL E. WYSESSION，华盛顿大学副校长，密苏里州圣路易斯市

J. RAMÓN ARROWSMITH，亚利桑那州立大学，坦佩市

EMILY E. BRODSKY，加州大学圣克鲁兹分校

JAMES L. DAVIS，Lamont-Doherty 地球天文台，纽约帕利塞德

STUART P. NISHENKO，太平洋煤气电力公司，加利福尼亚州旧金山市

PETER L. OLSON，约翰霍普金斯大学，马里兰州巴尔的摩市

NANCY L. ROSS，弗吉尼亚理工学院暨州立大学，布莱克斯堡

CHARLOTTE A. ROWE，洛斯阿拉莫斯国家实验室，新墨西哥州

BRIAN W. STUMP，南卫理公会大学，德克萨斯州达拉斯市

AARON A. VELASCO，得克萨斯大学，埃尔帕索市